U0342009

食品生物工艺专业改革创新教材系列　　总主编　余世明

欧式甜点与巧克力制作

European Dessert and Chocolate Making

主编 ◎ 欧玉蓉

暨南大学出版社
JINAN UNIVERSITY PRESS

中国·广州

食品生物工艺专业改革创新教材系列

编写委员会

本书系食品生物工艺专业（烘焙食品方向）“欧式甜点”课程用书，是职业教育改革创新教材系列中的一本。

西方的饮食文化注重食物的原始风味，加上灵巧层次的组合与味蕾的变化，还有一种莫名的感动——从一开始营造的氛围、触动味蕾的前菜、主角的上场到甜点的收尾等，堪称一场场美丽的盛宴。

为一场盛宴做最完美的收尾，这就是甜点该扮演的角色。触动味蕾的一刹那，甜点无端地勾起人们幸福的感觉。

全书编写以欧式甜点与巧克力制作方法及丰富的图片为内容，以适应学生的学习程度。通过学习本课程，能使学生掌握一定数量的中西点制作专业工艺，掌握一些常用的专业术语，了解其基本应用；借助工具书能读懂配方并自己操作，同时为今后报考高级工证做准备。

本书也适合作烘焙食品从业人员培训的教材。

本书由广东省贸易职业技术学校高级技师欧玉蓉主编，周璐艳为副主编，区敏红高级技师参与编写。

CONTENTS

目录

开讲之前

认识欧式甜点

师傅教路：欧式甜点，中西餐谱上通行的英文为Dessert，借自法文，特指正餐之后的那一道甜点，区别于Tea Time的闲食，又作“甜品”而通用于中餐馆。如果说开胃菜相当于一本书的前言或导读，那么甜品则相当于一本书的后记或跋。成为经典的前言或导读不胜枚举，写得好的后记却并不多见。

烘焙从业人员岗前须知

任务一　认识车间（烘焙实训室）规则

查一查：

车间（实训室）有什么“军规”？

1. 听从教师指导，按规定的方法和程序进行操作，按要求做好实验记录；

2. 每小组的组长负责管理本组的实操，分配工具、设备和清洁任务；

3. 上实训课不得迟到、早退，有事外出必须向任课老师或实训指导老师请假，未经老师允许不能随便离开实训室；

4. 各组保管工具、器具，如有遗失、损坏，按有关规定处理；

5. 实训室内一切设备未经实训教师许可，不得乱动；

6. 实训室内不能随便坐下，包括地上、搅拌机上、操作台上、窗台上、原材料上，需要休息时请到走廊；

7. 要爱护实验设备、节约用料，各项物品应按要求放在指定位置，不准乱取、乱放；

8. 实验产品不得私自品尝，不得把实验产品带出实训室，必须在老师允许的情况下品尝；

9. 实验结束后，应清洗本组所有设备、工具及器具，擦净后放回原处，并按卫生值日表的安排搞好各组公共卫生；各项卫生指标达到老师的要求时，学生方可离开实训室；

10. 离开实训室时，应关好水掣、电源、气源，整理好设备、工具及器具，关好门窗。

任务二　认识食品安全与卫生

数一数：

食品从业人员的个人卫生要求有哪些？

1. 患有痢疾、伤寒、病毒性肝炎等消化道传染病的人员，以及患有活动性肺结核、化脓性或者渗出性皮肤病等有碍食品安全的疾病的人员，不得从事接触直接入口食品的工作；

2. 进入车间（实训室）必须穿好工作服，戴好工作帽，扣好衣服上所有的扣子；

3. 注意个人卫生，勤洗工作服（不能沾有污物），不能留长指甲，女生不能披散长发，不能穿拖鞋、短裤和短裙；

4. 不允许戴任何首饰（耳环、戒指、项链、手镯），实操前要洗手。

议一议：

1. 食品从业人员是否每年都要进行健康检查，取得健康证明后方可参加工作？

2. 为什么要戴工作帽？怎样才算合格？

3. 能穿工作服出车间（实训室）吗？

4. 首饰（耳环、戒指、项链、手镯）很好看，为什么禁止佩戴？

看一看、评一评：

观看下面的几张图片，说一说哪个是正确的，哪个是错误的。错误的请指出。

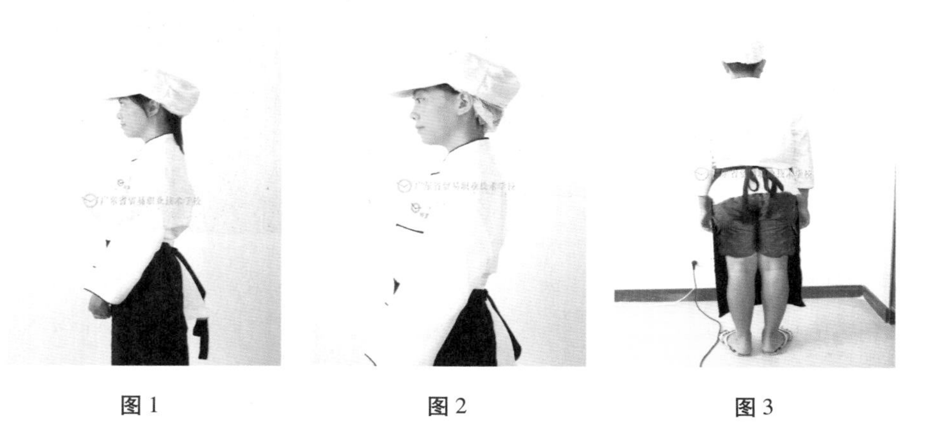

图1　　图2　　图3

图4　　图5

行家出手：

1. 对原料的要求：符合食品安全标准（色素、添加剂等不超标）；

2. 对成品的要求：禁止生产腐败变质、油脂酸败、霉变生虫、污秽不洁、混有异物、掺假掺杂或者感官性状异常的食品；

3. 对车间的要求：符合食品生产安全标准，有相应的消毒、更衣、盥洗、采光、照明、通风、防腐、防尘、防蝇、防鼠、防虫、洗涤以及处理废水、存放垃圾和废弃物的设备或设施。

查一查：

《中华人民共和国食品安全法》是从什么时候开始正式实施的？

你讲我说：

1. 在实训室如何安全用电？
2. 在实训室如何安全用水？
3. 在实训室如何安全用气？

生产操作，安全第一

高手支招：

原料如何储存才安全？

1. 水果、蔬菜、鸡蛋、牛奶、淡忌廉（奶油）不能放入冷冻区（－18℃），只能放入冷藏区（0℃～4℃）；

2. 甜忌廉需要放在冷冻区保存；果仁、天然奶油可以常温保存，也可冷藏保存，无须冻藏；

3. 面粉、糖、普通油脂、酵母、盐等可常温储存。

指点迷津：

机器操作与生产过程安全

1. 搅拌机用法：换挡要停机，开机要看桶，搅拌面团用中速或慢速，搅拌面糊用中速或高速；
2. 烤炉用法：注意避免烫伤，包括接触、蒸汽；
3. 醒发箱用法：每次开机都要重新设置温度和湿度。

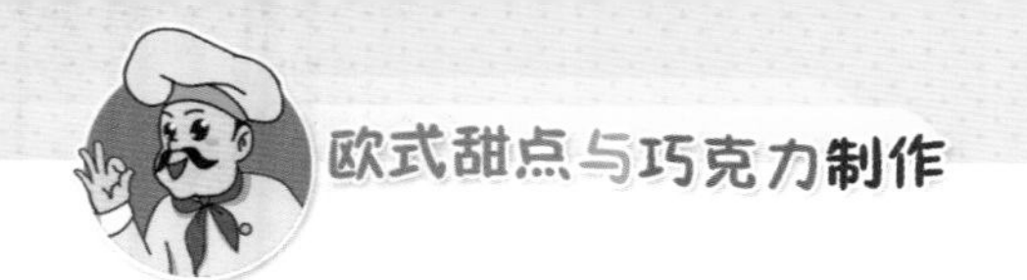

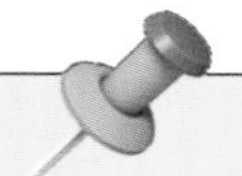

小贴士：

车间（实训室）必须有药箱。如果被烤炉烫伤，要先用碘伏消毒，再涂抹烫伤膏。如果被油或开水烫伤，可用风油精、万花油直接涂于创面。如果发生轻微刀伤，可搽红花油，再用创可贴包好。

欧式甜点的生产设备工具

搅拌机

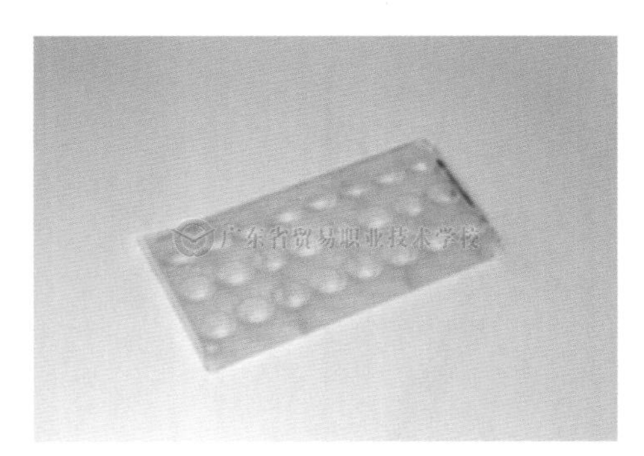

巧克力模具

打孔器

转台

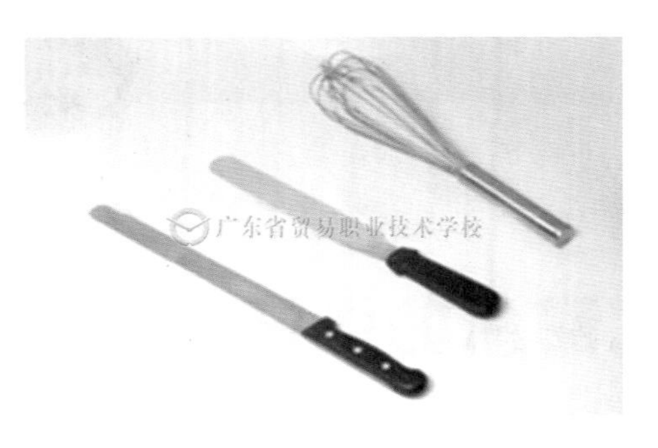

锯齿刀、抹刀、打蛋器

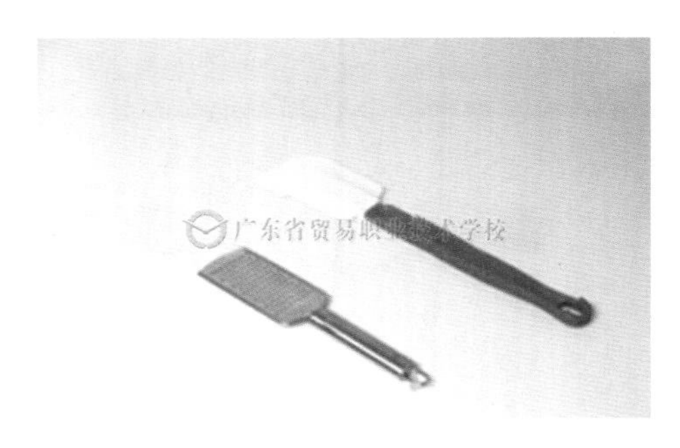

刨皮刀、软刮

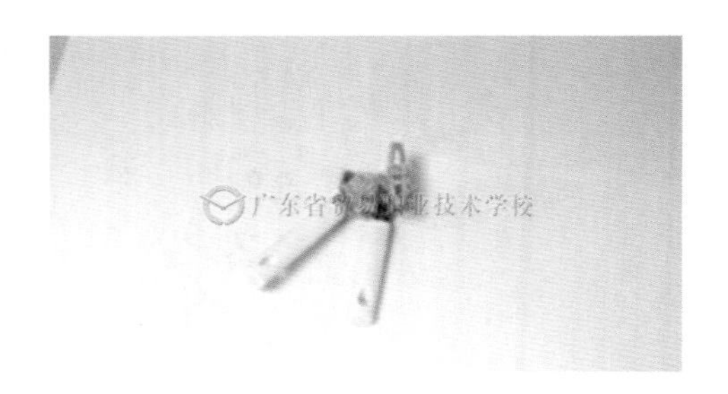

开罐器

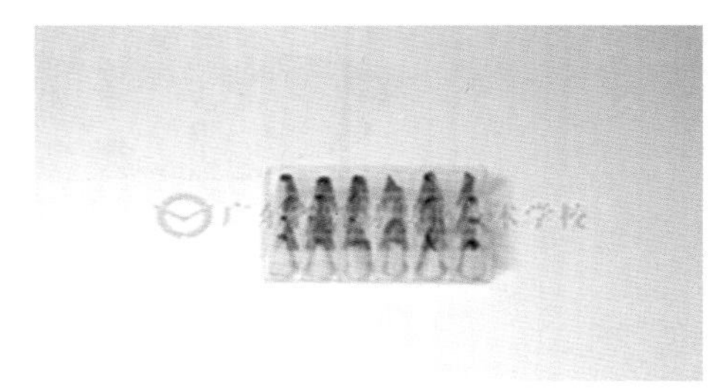

裱花嘴

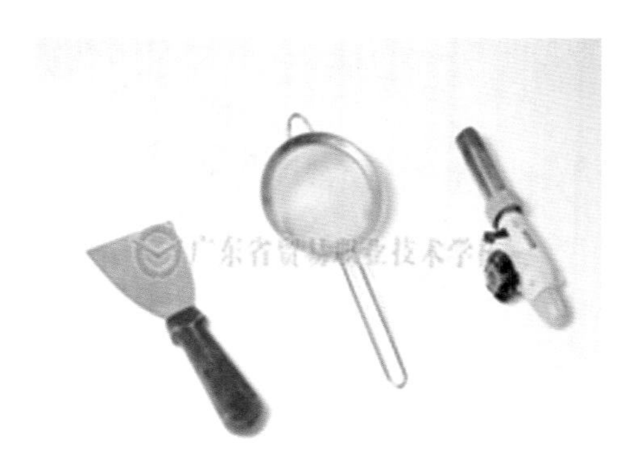

铲刀、筛子、火枪

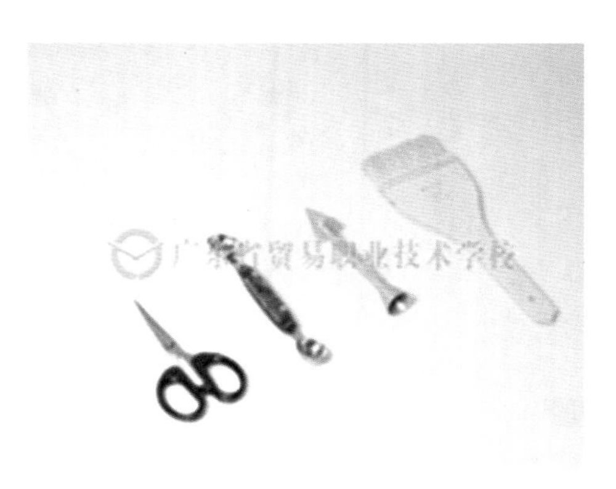

剪刀、挖球器、裱花棒、毛刷

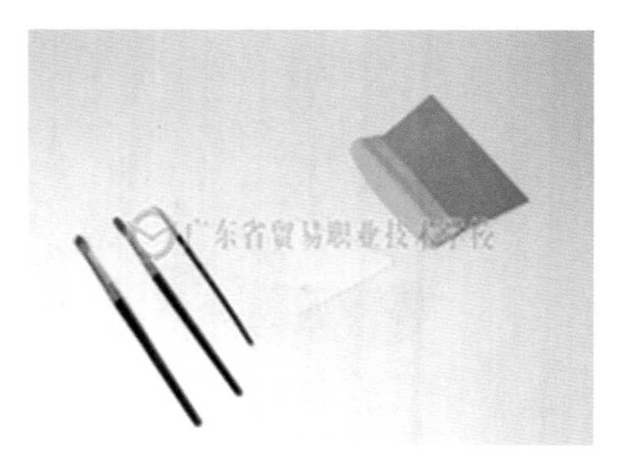

毛笔、铲刀

不锈钢钢印

裱花袋

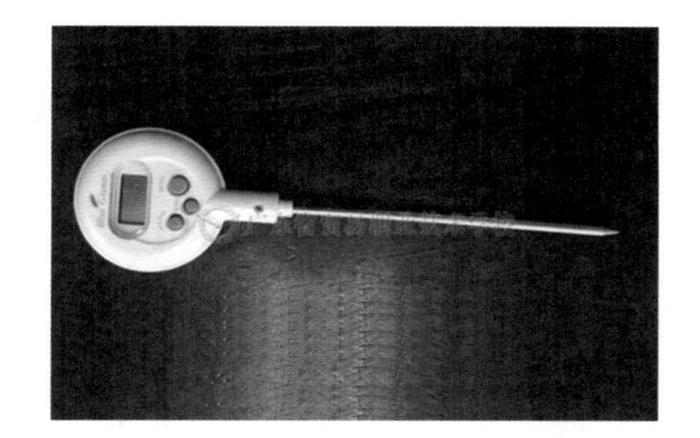

温度计

慕斯圈

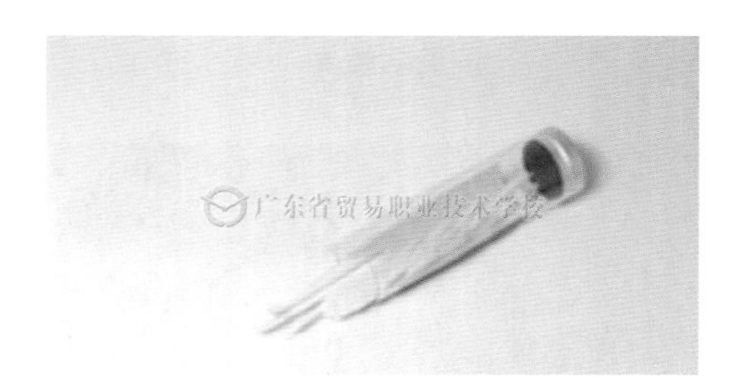

面塑小工具

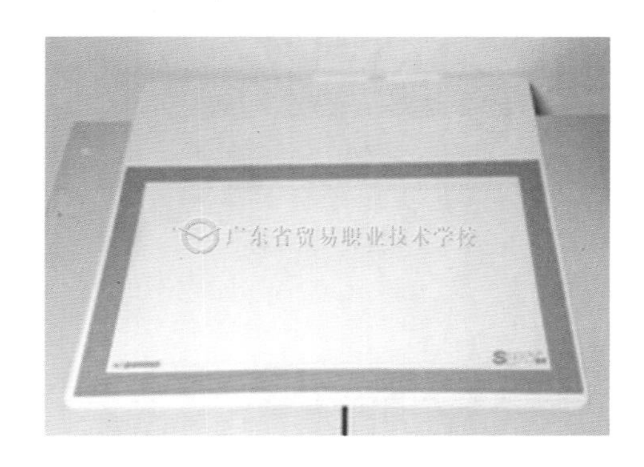

耐高温布

巧克力转印纸

饼干模具

陶瓷器皿

蛋糕模具

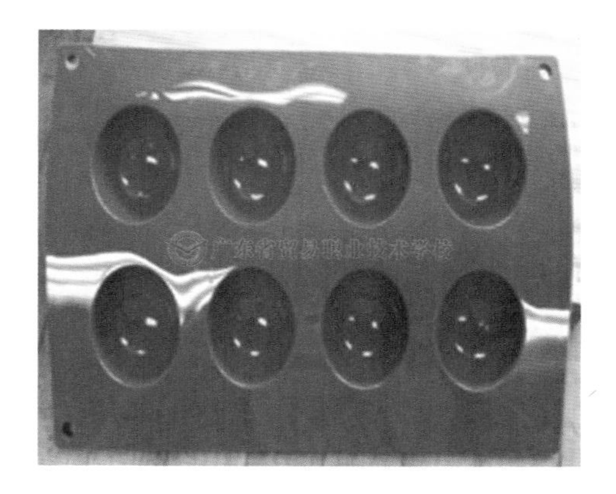

硅胶模具

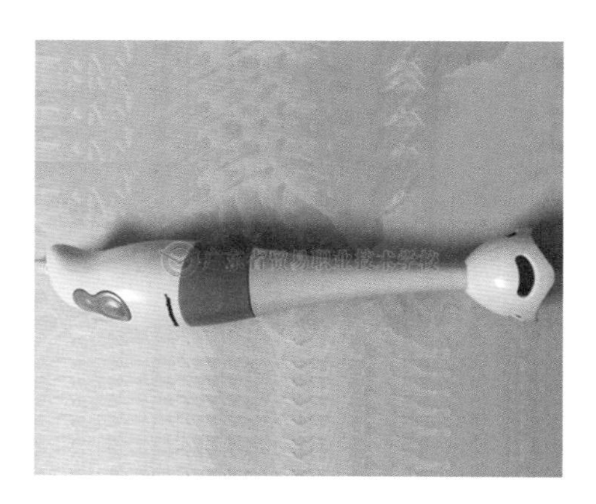

均质机

一次性蛋糕杯

想一想：

1. 以上图片中的工具正确的使用方法是怎样的？
2. 使用时要注意哪些方面？

欧式甜点的原材料

说说以下烘焙原料的产地和性质。

石榴酒

椰子酒

樱桃酒

朗姆酒

百利甜酒

咖啡酒

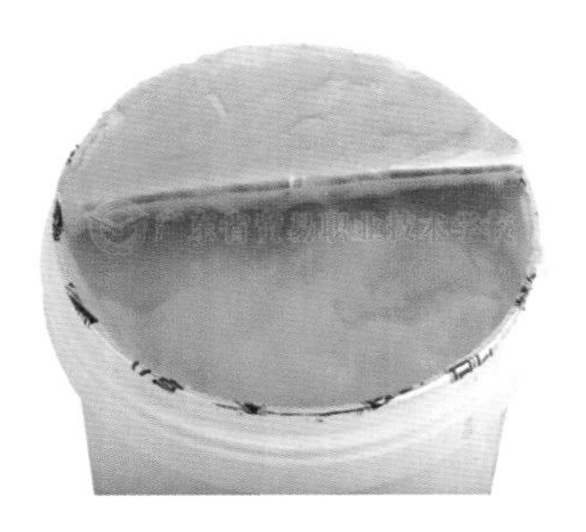

香橙果膏

镜面果膏

可可粉

牛奶

糖粉

杏仁膏

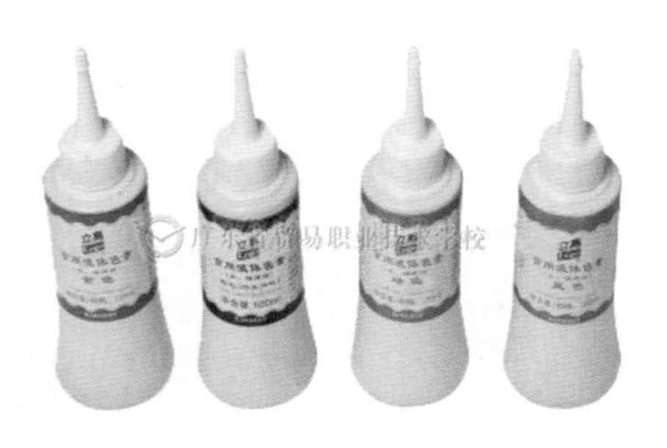

色素

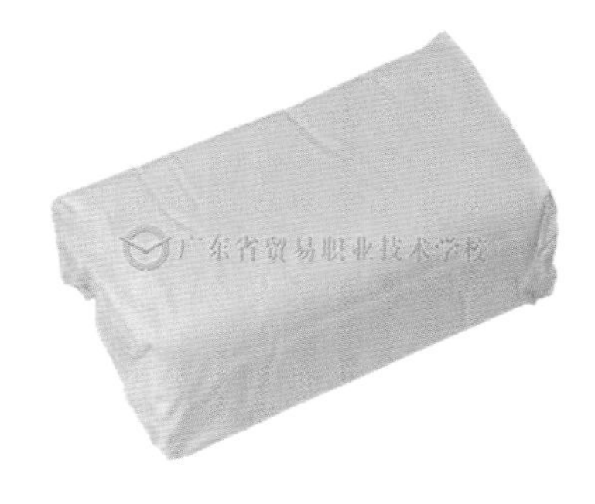

奶酪

鱼胶片

巧克力

动物性鲜奶油

吉士粉

肉桂条

酸奶

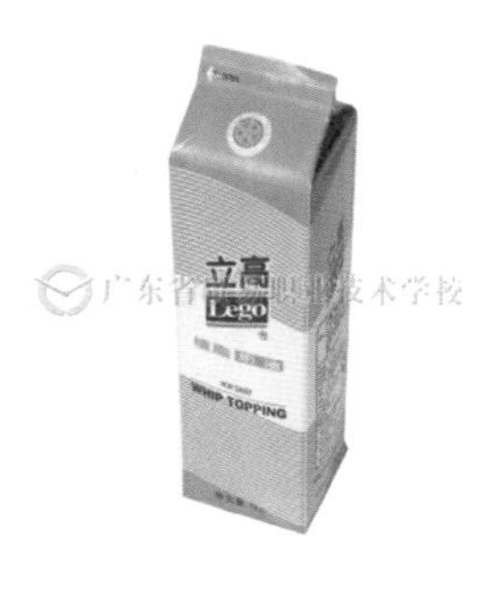

植物性鲜奶油

香草条

栗子蓉

水果果蓉

咖啡粉

黑樱桃

红车厘子

绿车厘子

蓝莓酱

草莓酱

杏子酱

榛子酱

蔓越莓

葡萄干

核桃

开心果

杏仁

花生

想一想：

使用这些原料时要注意哪些方面？

模块一

巧克力

师傅教路：巧克力是一个外来词，是Chocolate的音译(粤港澳等粤语地区译为“朱古力”)。有人说它是天赐的美味，带给我们情感和健康。我们有足够的理由喜爱巧克力，相信您在品尝巧克力的美味时还会找到更多喜爱巧克力的理由。

巧克力的调制

纯巧克力调制方法，即“双蒸法”：

准备一大一小两个容器，大容器内盛低于50℃的温水，小容器盛放切碎的巧克力，将小容器放入大容器的水中，用水传热，使巧克力溶化。常用的具体操作方法有两种：一种是将要溶化的巧克力切碎，全部放入容器中一次性溶化；另一种方法是将切碎的巧克力的2/3先溶化，再放入余下的巧克力一起调制。

在溶化巧克力时，对于较稠的巧克力或存放过久的巧克力可添加适量油脂，以稀释巧克力或增加巧克力的光泽，使巧克力的颜色更深、更光亮。添加食用油脂的种类要灵活掌握，如果巧克力的可可脂含量低、硬度不够，应添加可可脂；如果巧克力在调制时过硬，则应加入适量的植物油。

想一想：

还有什么方法可以溶化巧克力？

指点迷津：

最常见的是采用“双蒸法”，因为可以控制好温度。也有家庭采用微波炉或烤炉加热的方法。工业上则采用巧克力熔炉机来溶化巧克力，能更好地让巧克力一直保持恒温状态。

巧克力基本装饰片制作

任务一　扇形巧克力

一、制作方法

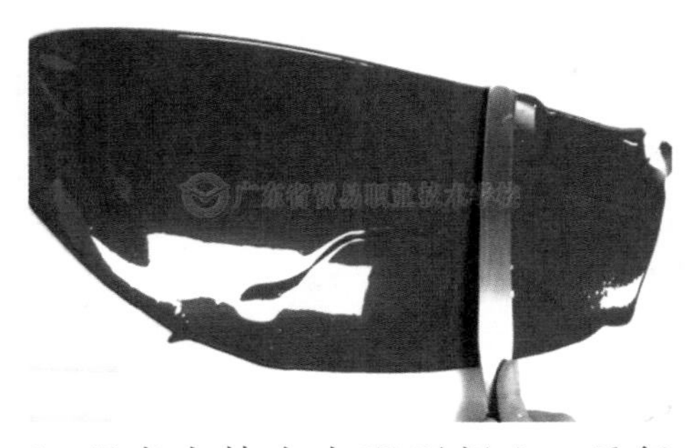

1. 巧克力抹在大理石板上，反复抹干；

2. 将多余的巧克力用铲刀去除；

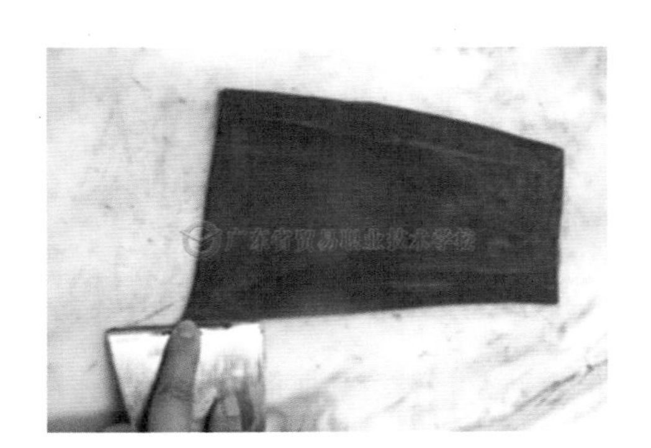

3. 用食指压着铲刀 1/3 处，铲刀与大理石板呈 35°角，用力铲出。

二、产品照片

三、产品特点

巧克力溶化后便于塑造各种造型，理想的巧克力产品外观看起来有光泽，咬起来酥脆，入口易化。

想一想：

扇形巧克力制作的注意要点有哪些？

指点迷津：

常吃巧克力的七大好处

1. 缓解腹泻：

黑巧克力的可可含量为 50% ~90%，可可富含一种类黄酮的多酚成分，能抑制肠道内蛋白质、氯离子和水分的吸收。

2. 缓解压力：

巧克力能提高大脑内一种叫“塞洛托宁”的化学物质的水平。它能给人带来安宁的感觉，可以更好地消除紧张情绪，起到缓解压力的作用。

3. 预防感冒：

英国伦敦大学的研究显示，巧克力的香甜气味能够降低患感冒的概率。巧克力所含的可可碱有益神经系统健康，止咳功效胜于普通的感冒药。

4. 平稳血糖：

意大利的一项研究发现，健康人吃黑巧克力连续 15 天，每天 100 克，对胰岛素的敏感性有所增强。医生认为，黑巧克力对糖尿病患者可能具有一定的帮助。最新一项研究还发现，黑巧克力中的黄烷醇能起到平稳血糖的作用。

5. 预防中风：

美国约翰霍普金斯大学医学院的研究人员发现，黑巧克力中含有一种化合物，它能在病人中风 3.5 小时内降低大脑的损伤程度。研究人员表示，每周吃一份巧克力，中风风险可减少 22%。

6. 减低血压：

德国科研人员对 44 名健康成年人的调查表明，每天吃热量不高于 30 卡路里的黑巧克力，18 周后这些人的血压平均降低 2.9 毫米汞柱。不过，食用白巧克力和过量食用黑巧克力却没有这种功效。

7. 有益心脏：

黑巧克力含有一种天然抗氧化剂黄酮素，能防止血管变硬，同时增加心肌活力、放松肌肉，防止胆固醇在血管内积累，对防止心血管疾病有一定功效。

任务二　巧克力棍

一、制作方法

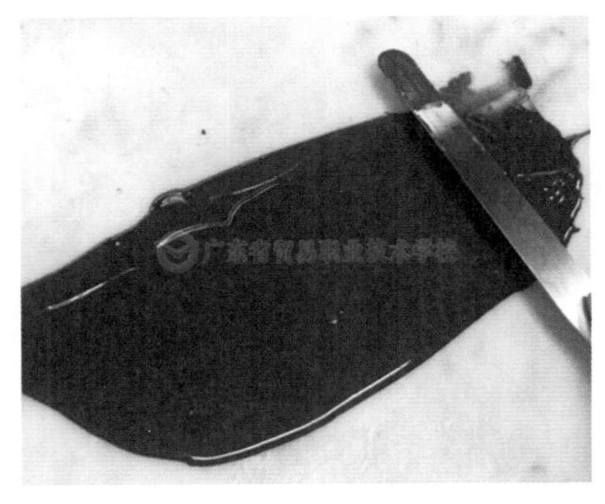

1. 巧克力抹在大理石板上，反复抹干；

2. 将多余的巧克力用铲刀去除；

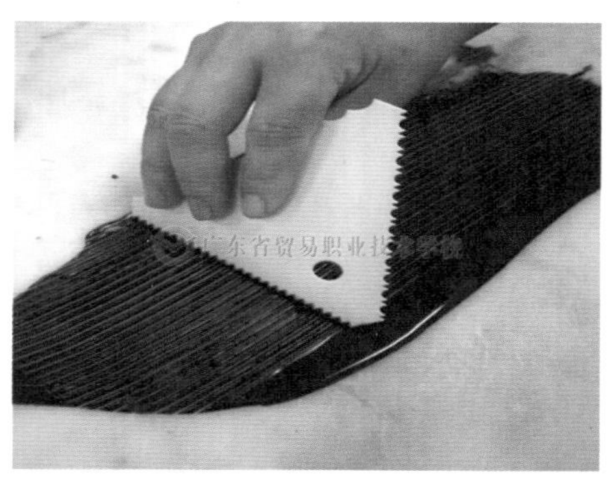

3. 用特殊刮板在巧克力上刮出纹路；

4. 刮好的样子；

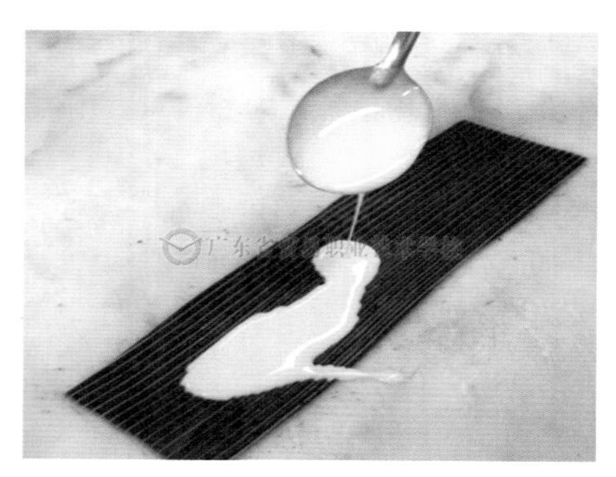

5. 在刮出纹路的黑巧克力上再淋上白巧克力；

6. 反复抹干、抹薄白巧克力；

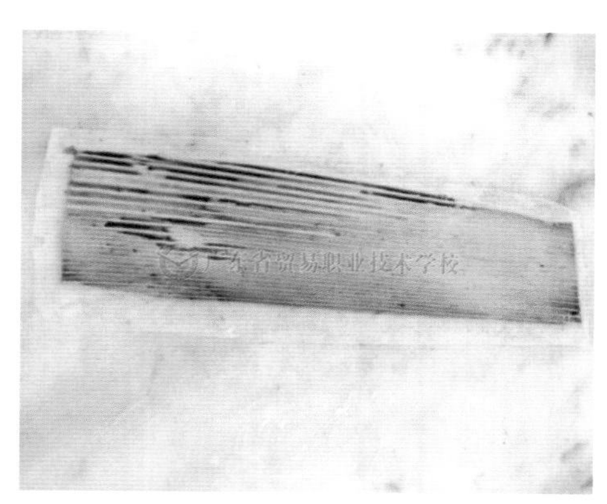

7. 用铲刀去除多余的巧克力；

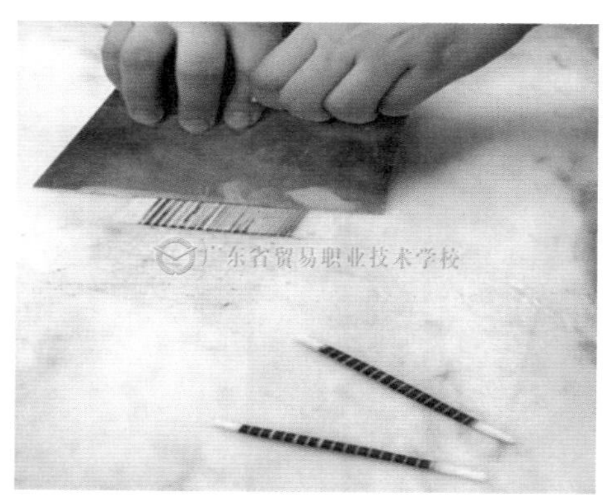

8. 将铲刀与巧克力面呈 35°角，宽度约 2 厘米，用力铲出。

二、产品照片

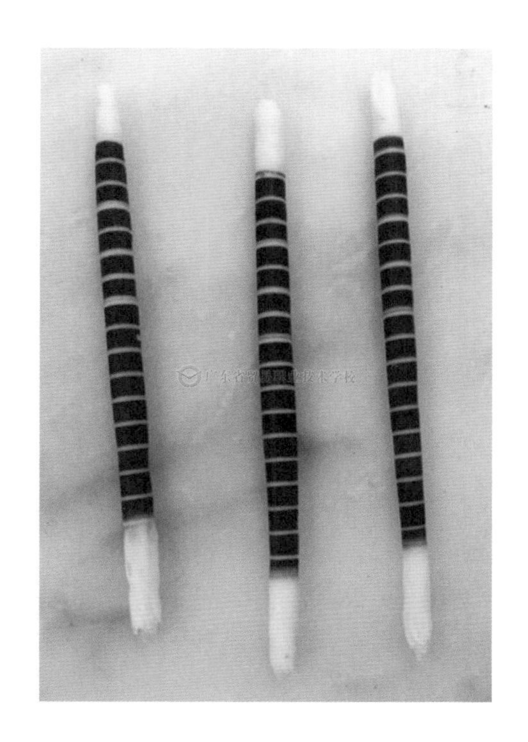

三、产品特点

巧克力棍有层次感、立体感，方便在装饰中造型。

想一想：

巧克力棍的黑、白巧克力的调适温度是多少？

任务三　巧克力弹簧

一、制作方法

1. 将黑巧克力切碎，隔水溶化；

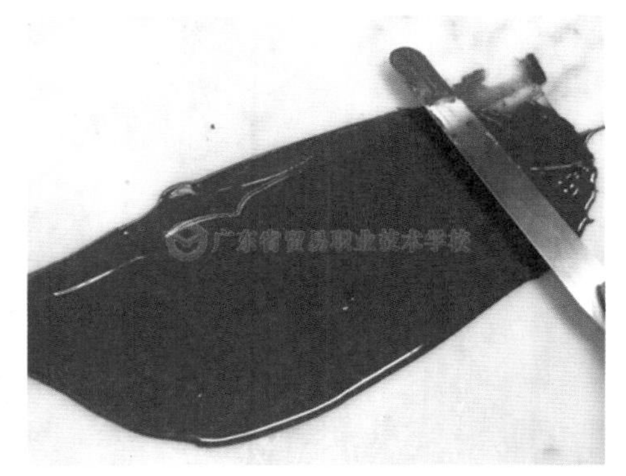

2. 放上塑料片，将巧克力抹在大理石板上，反复抹干；

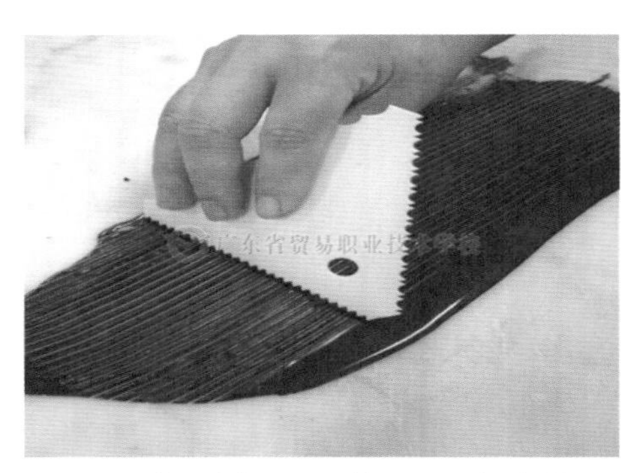

3. 用三角刮在已经抹上巧克力的塑料片上刮出条纹；

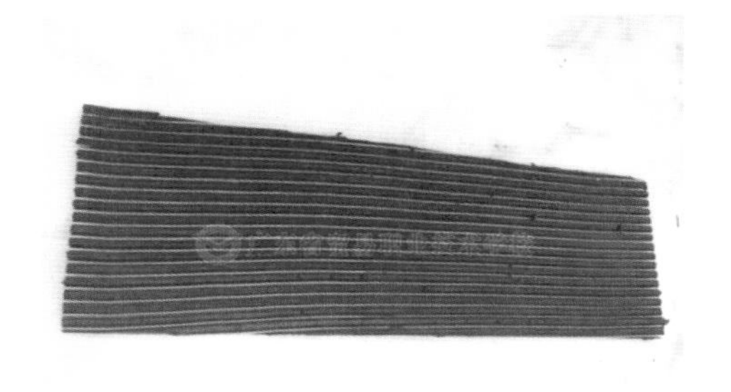

4. 取出已经刮好纹路的塑料片；

5. 全切好后放入卷筒，并放入冰箱冷冻 5 分钟。

二、产品照片

三、产品特点

巧克力产品外观看起来有光泽，形似弹簧，可以装饰产品，增加造型。

想一想：

巧克力的调温注意事项有哪些？

指点迷津：

巧克力装饰工艺注意事项

1. 掌握及控制好巧克力溶化，操作时的温度是巧克力装饰工艺的关键。

2. 溶化巧克力时，如果温度过高，巧克力中的油脂容易与可可粉分离，所含糖分会出现结晶，形成细小的颗粒，使溶化的巧克力不亮，并造成制品成形困难。

3. 溶化巧克力的水温过高，会使巧克力吸收容器中的水汽，使巧克力翻砂，失去光泽，并伴有白色花斑。

4. 制作巧克力制品时，室内温度20℃最为合适，高于或低于此温度，都会影响操作的正常进行。温度过高时，巧克力易溶化，不利于制品的成形。

倒模巧克力制作

任务一　青芥末巧克力

一、配方

	原料	百分比（%）	重量（克）
馅料	白巧克力	100	80
	动物性鲜奶油	130	105
	青芥末	12	10
	辣椒粉	8	6
外层巧克力	白巧克力	100	1 000
	装饰转印纸		适量

二、制作方法

（一）馅料的制作方法

1. 将白巧克力切碎，锅里放入鲜奶油，加热至45℃；

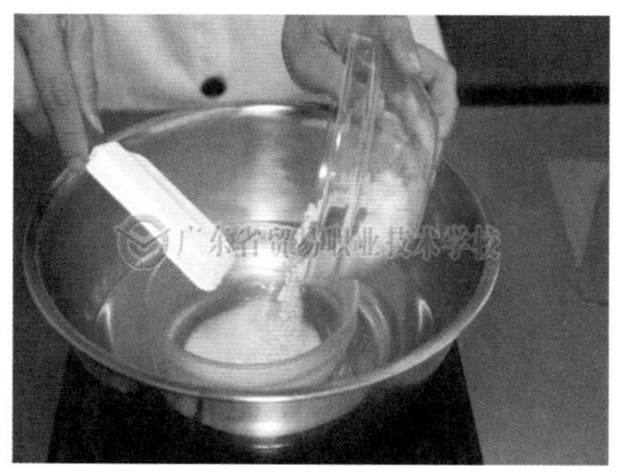

2. 将加热好的鲜奶油倒入白巧克力中，搅拌均匀；

3. 按青芥末、辣椒粉的顺序加入混合，放入冰箱冷藏凝固待用。

（二）巧克力的制作方法

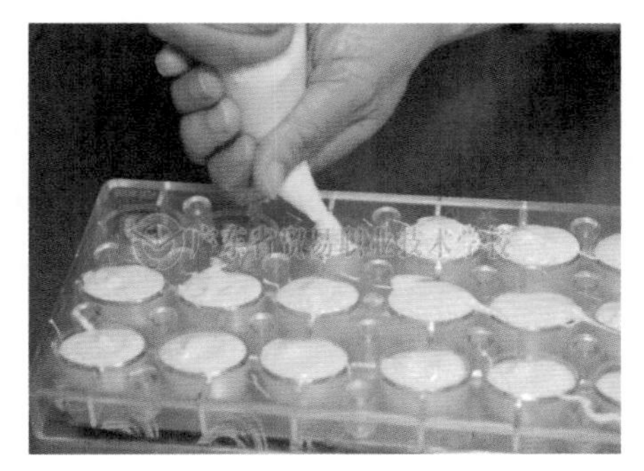

1. 将调温白巧克力挤入有巧克力转印纸的模型里，用刮刀将多余的巧克力刮掉；

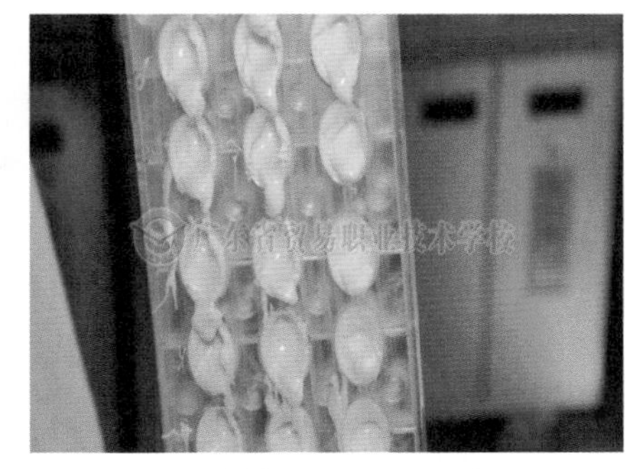

2. 慢慢地将模型翻转过来，用刮刀将模型上面及侧面黏附的白巧克力清除干净；

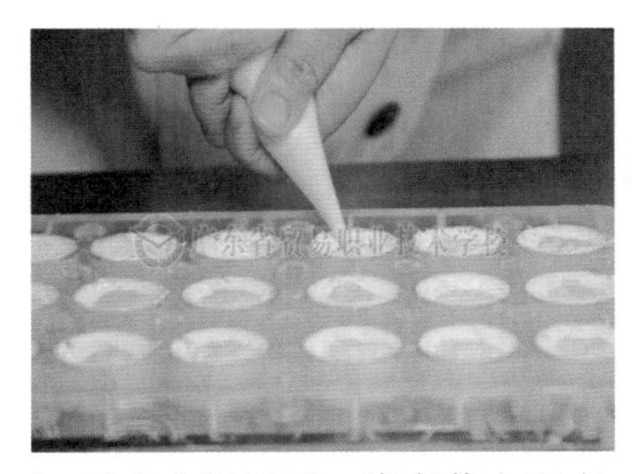

3. 巧克力凝固后，将青芥末巧克力馅倒入裱花袋里，一个一个地挤入模型，六分满，放进冰箱让表面凝固；

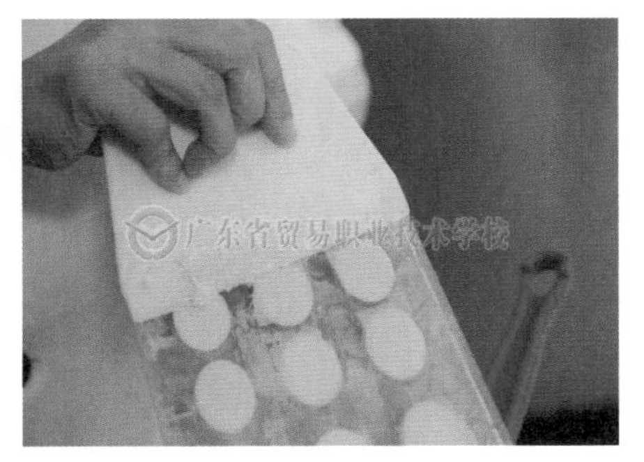

4. 在模型上面倒入调温白巧克力，拿刮刀将表面修平整后，将黏附在上面、侧面的巧克力刮掉；

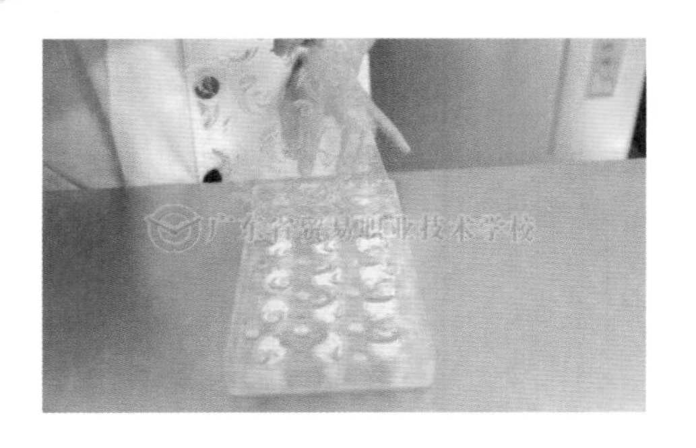

5. 放进冰箱冷却凝固，确定好可以脱模之后，轻轻地从模型上取下巧克力。

三、产品照片

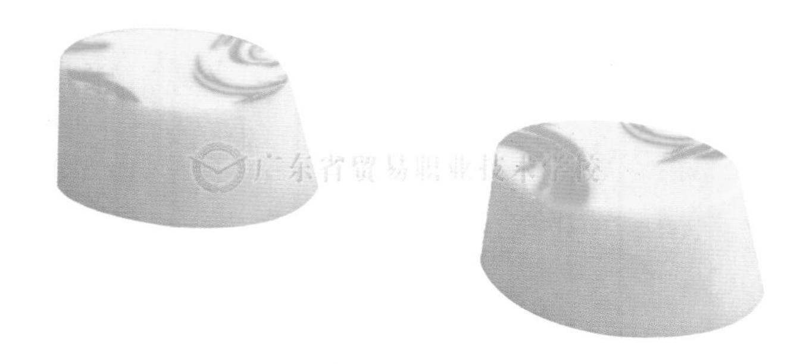

四、产品特色

巧克力口感丝滑，里面的馅料辛辣，能刺激味蕾，冲淡巧克力的甜味，达到完美的结合。

想一想：

巧克力调温好的温度是多少？

指点迷津：

含有31%以上可可脂的巧克力，我们称为天然巧克力，其调温大约为30℃。而所谓假巧克力则是用菜油代替可可脂，其调温为40℃～50℃。

任务二　焦糖百利牛奶巧克力

一、配方

	原料	百分比（%）	重量（克）
馅料	黑巧克力	100	100
	动物性鲜奶油	380	380
	糖	90	90
	百利甜酒	18	18
外层巧克力	牛奶巧克力	10	100
	黑巧克力	100	1 000

二、制作方法

（一）馅料的制作方法

1. 将黑巧克力切碎，隔水加热至45℃；

2. 锅中加入糖，加热，当糖化成焦糖状时熄火，加入鲜奶油，拌匀，倒入黑巧克力中，搅拌均匀；

3. 倒入百利甜酒混合，待用。

（二）巧克力的制作方法

1. 用刷子涂上薄薄的牛奶巧克力，用刮刀刮除模型上黏附的巧克力；

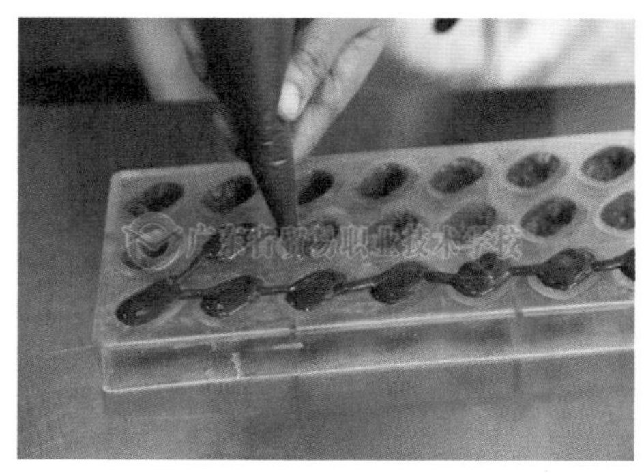

2. 倒入黑巧克力，轻敲模型，让巧克力附着在模具上；

3. 将模具慢慢地翻转，轻敲模型，让多余的巧克力滴落，再将模具翻转回来，用刮刀将模具上面和侧面黏附的巧克力清除干净，放进冰箱冷藏；

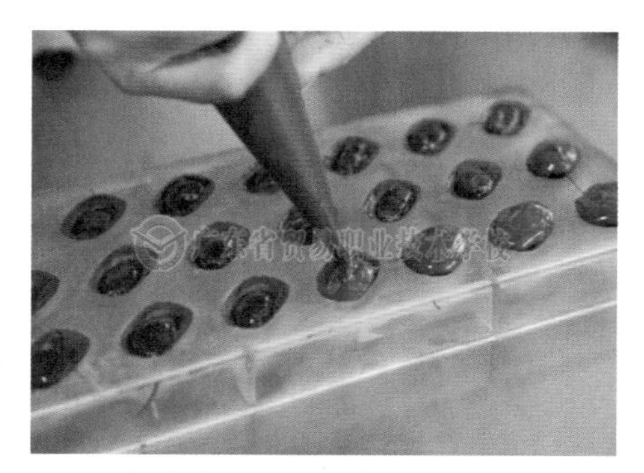

4. 巧克力凝固后，将焦糖巧克力倒入裱花袋里，一个一个地挤入模型，大约六分满，放进冰箱让表面凝固；

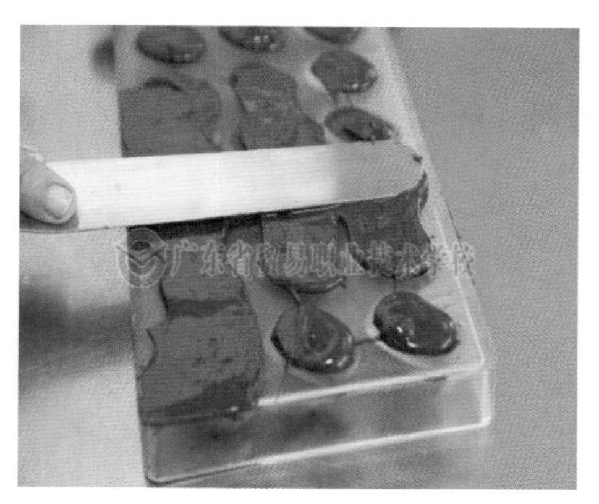

5. 在模具上面倒入调温的黑巧克力，拿刮刀将表面修平整后，将黏附在上面和侧面的巧克力刮掉；

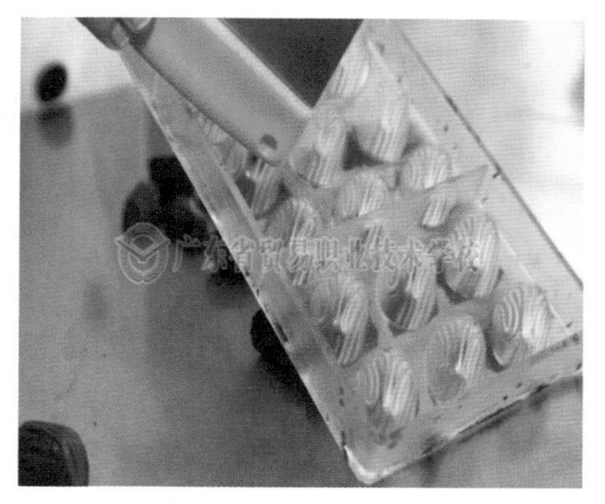

6. 放进冰箱冷却凝固后，轻轻地从模具上取出巧克力。

三、产品照片

四、产品特色

巧克力口感丝滑，里面的馅料带有焦糖的风味，会令人爱上这与众不同的味道。

想一想：

巧克力制作过程中需要注意什么？

师傅教路：

巧克力倒入模具后需要进行震动，作用在于经过排气，可以让巧克力表面光滑，没有孔洞。

任务三　焦糖杏仁巧克力

一、配方

	原料	百分比（%）	重量（克）
杏仁糖	糖	100	160
	杏仁	120	190
馅料	杏仁糖	170	230
	黑巧克力	100	135
外层巧克力	黑巧克力	100	1 000

二、制作方法

（一）杏仁糖的制作方法

1. 在锅中加入糖，加热，当糖溶化成焦糖状时放入杏仁，搅拌至所有杏仁都沾到糖，使其冷却；

2. 杏仁糖完全冷却后，将其倒在大理石台上操作，用抹刀将杏仁分开，边翻动边用搅拌器打碎。

（二）馅料的制作方法

将黑巧克力隔水加热，溶化后加进杏仁糖搅拌混合，待用。

（三）巧克力的制作方法

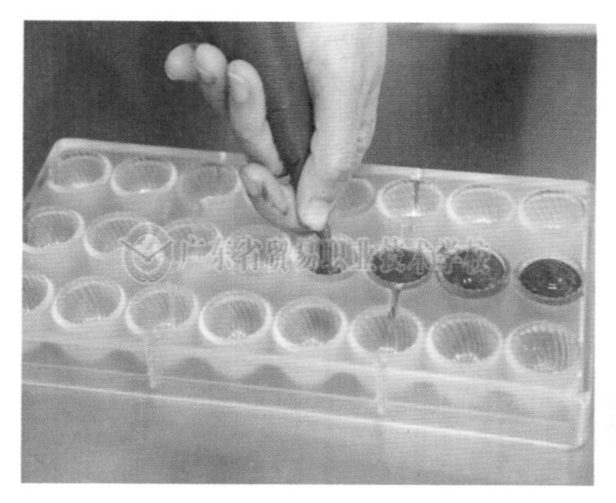

1. 将调温黑巧克力倒入模具，用刮刀将多余的巧克力刮掉；

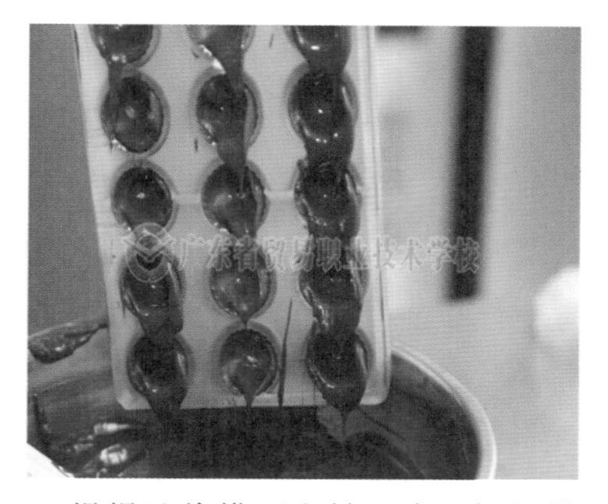

2. 慢慢地将模型翻转回来，轻敲模型让多余的巧克力滴落；

3. 将模型翻转回来，用刮刀将模型上面及侧面黏附的黑巧克力清除干净，放入冰箱冷藏；

4. 巧克力凝固后，将焦糖杏仁巧克力馅倒入裱花袋里，一个一个地挤入模型，六分满，放入冰箱让其表面凝固；

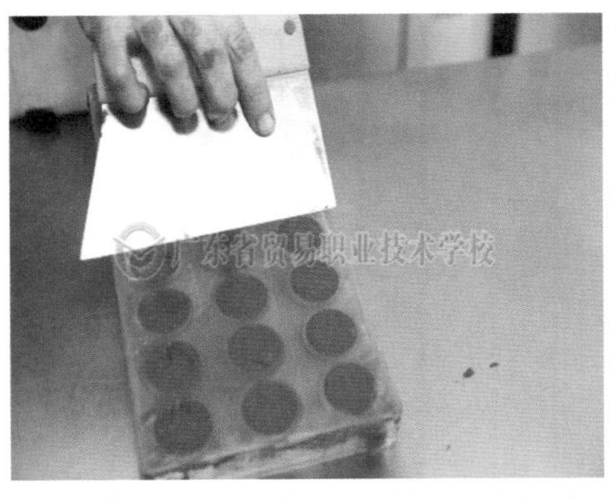

5. 在模型上面倒入调温黑巧克力，拿刮刀将表面修平整后，将黏附在上面及侧面的巧克力刮掉；

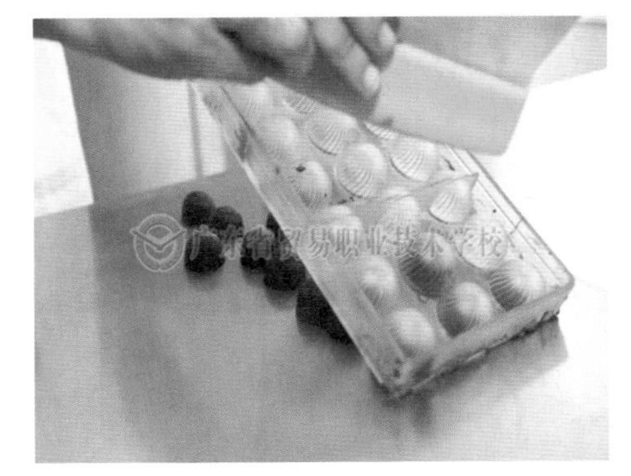

6. 放入冰箱冷却凝固，确定好可以脱模之后，轻轻地从模型上取下巧克力。

三、产品照片

四、产品特色

从入口微微苦涩，到回味的香甜丝滑，杏仁香味浓郁。这微妙的变化，尽绽味蕾。

想一想：

制作杏仁糖时要提前准备什么？

师傅教路：

杏仁片或杏仁粒在使用前，需经过烘烤，让它的香味出来，再用来制作杏仁糖。这样会让其更加香气四溢。

任务四　灌模巧克力

一、配方

原料	百分比（%）	重量（克）
调温巧克力		适量
黑巧克力	100	1 000

二、制作方法

涂抹过程：

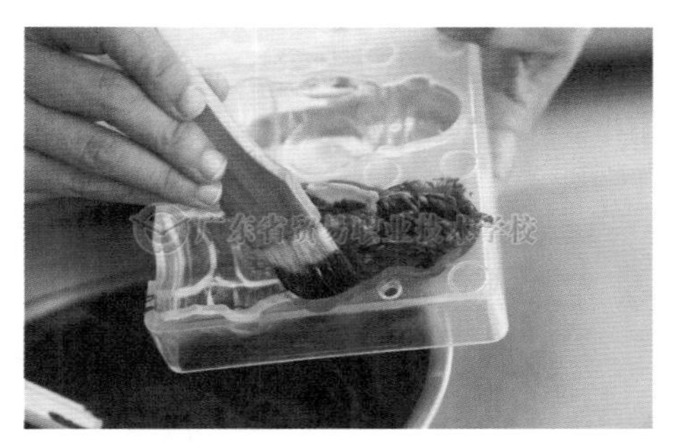

1. 模型的内侧整体用刷子涂抹上黑巧克力，放进冰箱冷却 10 分钟左右；

2. 将模型组合起来，取足量的黑巧克力从模型的底部倒入，从上按压般地抹涂；

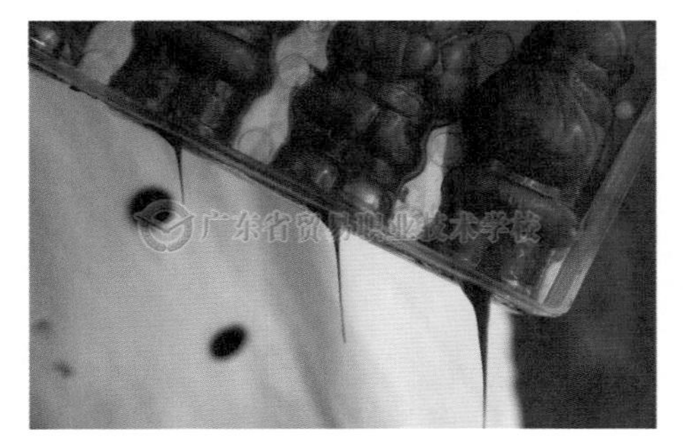

3. 在整盒调温巧克力上方将模型翻转过来，用抹刀轻敲模型，让多余的黑巧克力滴落出来；

4. 使用抹刀的刀背将底部边缘的巧克力刮掉，放进冰箱冷却 5 分钟左右，取下固定夹后脱模。

三、产品照片

四、产品特色

灌模巧克力可塑性强，造型百变，可以用于庆典或做盘饰。

烘焙大讲坛　巧克力的由来

巧克力是食品工业中最受欢迎的美味之一。它不仅美味，还集温馨、浪漫、亲近于一体。人们在情人节、母亲节、圣诞节等节日都会送些精致的巧克力。

巧克力应用在烘焙产品中的地方很多，烘焙师如果能掌握各种巧克力的特性及使用的基本方法，再加以练习，就可以利用巧克力做出许多和蛋糕配称的装饰，提高产品销售价格。

一、巧克力的来源

巧克力是用可可豆提炼出来的，英文“Chocolate”。早期西班牙的航运非常发达，西班牙人到达美洲大陆的墨西哥（如今的墨西哥城），发现一种名叫“遭克力”（Xocolatl）的奇怪饮品，后来他们将苦的泡沫液体加了糖后发现味道更好，便成了当时贵族阶层的食品，它是一种“液体黄金”。可可豆可作为货币流通。

可可树的种植通常在赤道以北或以南纬度20°热带，使它茂盛生长的前提是阳光充足，气候温暖。主要产地有非洲、南美洲和西印度等。巧克力的质量取决于可可豆的产地。可可豆的种类主要有：①柯立欧罗（Ciollo），其香味浓郁，仅稍具苦味。树木的数量不多，所以生产量也低，然而，质优而香醇的特点使它为一流巧克力公司所喜爱。豆荚成熟时，会变成红色。②佛拉斯堤罗（Frostero），原产地在亚马逊，现在则主要栽种在巴西或西非。豆荚成熟时，会变成黄色。③特力尼塔利欧（Tinitario）是柯立欧罗和佛拉斯堤罗交配而成的品种。豆荚成熟时的颜色，介于两个品种之间。

可可树一年四季开花，但只有大约1/4能结出含种子的豆芽——果实，即可可豆。可可豆的外形类似小型橄榄球。成熟时颜色变深红色或黄色。出于商业目的，可可豆一年收获两次。

可可豆从树上割下来，切开里面，取出果肉，放在大桶里，进行沉淀和发酵，然后经过分拣和烘烤，用机器筛去外壳，留下可可碎粒。烘烤可可豆跟烘烤咖啡豆一样，目的都是增添豆子的香味。在烘烤10～30分钟之后，豆子的含水量会降到3%，外皮变得干燥后，就更容易剥离了。可可碎粒可制成可可粉、可可汁及烘干的巧克力，但磨碎的过程中需要防止细胞壁破裂释放出可可脂。

可可碎粒要经过一系列液体压榨，提炼出可可脂，还要经过除臭，去掉某些脂酸和挥发性物质，进一步纯化可可脂。剩下的可可粉再进一步压榨和精炼，可用于烹调，这时的可可粉仍然含有一些脂肪。

知识拓展　巧克力种类及其性质和存储

想一想：

巧克力的种类有哪些?

行家出手：

巧克力基本分为三大类：黑巧克力、白巧克力、牛奶巧克力。

1. 黑巧克力（Dark Chocolate）。

特苦型巧克力可可固性物含量为75%～85%。苦巧克力可可固性物含量为50%～70%。苦甜巧克力可可固性物含量最低为35%。半甜巧克力介于苦甜巧克力和甜巧克力之间。甜巧克力可可固性物含量最低为5%。

黑巧克力基本制法是：巧克力汁+糖+可可脂+乳化剂（大豆卵磷脂）+调味剂+糖（蔗糖，其他糖也能使用，只不过蔗糖更普遍）。

2. 白巧克力（White Chocolate）。

白巧克力与牛奶巧克力的制作大同小异，固体牛奶是指奶粉，白巧克力由可可脂、糖和固体牛奶混合制作而成。所含的可可脂比黑巧克力的可可脂相对要少。因此，白巧克力的价格最便宜。糖衣成形的巧克力外面放了一层醋酸纤维素膜。当中以黑巧克力的可可脂成分最高，高达75%，因而巧克力味最高，也最苦。白巧克力及牛奶巧克力则只含30%～40%可可脂，因此巧克力味较淡，但含奶量相对较高，故相对较甜。

3. 牛奶巧克力（Milk Chocolate）。

牛奶巧克力最能反映一个国家巧克力的口味。它最初是瑞士人发明的，因此一度是瑞士的专利产品。直到现在，一些世界上最好的牛奶巧克力仍然出产于瑞士。与黑巧克力相比，牛奶巧克力的风味要少些微妙之处，而且可可豆的掺混工序也不用那么精确。

牛奶巧克力的制法是：浓缩奶 + 巧克力汁 + 糖 + 乳化剂 + 调味剂 + 可可脂。

高手支招：

巧克力应在室温下（大约 18℃）保存，如果包装未破损，可保存几个月。巧克力应远离潮湿和高温，在相对恒温的环境下进行保存；巧克力应远离水分，否则会造成结块。巧克力可放进冰箱冷藏或冷冻保存，但是这会导致巧克力的表面形成一层略带白色的薄膜，这是可可脂，它不会导致巧克力变味，溶化的时候薄膜也会消失。

模块一自我测验题

一、填空题

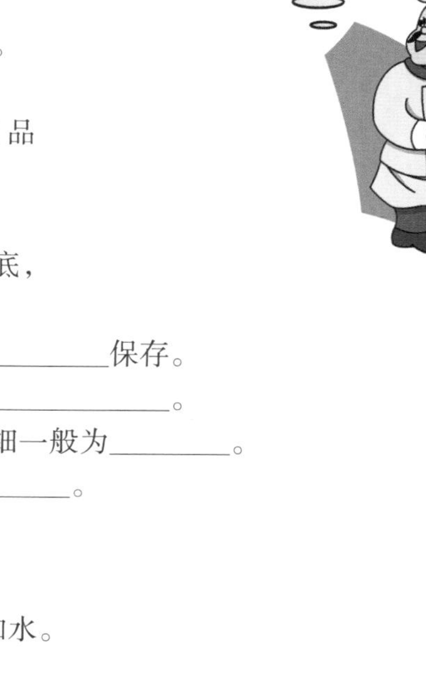

1. 决定巧克力调制温度的主要因素是巧克力中________的成分含量。

2. 溶化巧克力，应采取________的加热方法。

3. 溶化巧克力时水温不要高于________℃。

4. 溶化巧克力时，若巧克力内进水，成品会____________。

5. 当室温为20℃时，巧克力处于________。

6. 如果在溶化巧克力时发现巧克力翻砂沉底，说明温度________。

7. 制作巧克力装饰物____________，应放在________保存。

8. 用巧克力浆来挤巧克力饰花时，通常使用____________。

9. 挤巧克力饰花时，挤出的巧克力浆线条粗细一般为________。

10. “Which one do you like?”是指____________。

二、判断题

(　　) 1. 溶化巧克力时，必须往巧克力内加水。

(　　) 2. Piping Bag 是指裱花袋。

(　　) 3. 人造奶油的英文名称是 Margarine。

(　　) 4. 溶化巧克力时温度越高越好，也越快溶化。

(　　) 5. 制作模具巧克力时，模具应先刷油，防止巧克力粘在模具上。

模块二

常见欧式甜点的制作

师傅教路：西点源自埃及、希腊。远在5 000多年前的古埃及，已出现当作供品的点心，据说在公元前12世纪拉姆斯三世坟墓的壁画上，已绘有圆形、三角形、花或动物形状的焙制点心。公元前8世纪至前7世纪，希腊产生了用名为“多理昂”的无花果叶包裹后蒸熟的葡萄干点心，它被认为是现今葡萄干布丁的起源。此外，也有使用蜂蜜制作的点心、使用油菜制作的糕饼或油炸的点心，更甚或是生日蛋糕、结婚蛋糕，多得不胜枚举。

欧式蛋糕类

师傅教路：

蛋糕，顾名思义，是用鸡蛋做出来的东西，在蛋糕的基础上加入其他元素，变成我们现在的甜点。甜点是治疗抑郁、放松心情的灵丹妙药，很多人在犒劳自己的时候喜欢吃一点甜的，忘记减肥、忘记塑身、忘记那些好看但绷着身体的华丽衣服。

任务一　巧克力布朗尼

一、配方

原料	百分比（%）	重量（克）
鸡蛋	50	300
细砂糖	65	375
牛油	45	250
黑巧克力	100	575
盐	1	5
泡打粉	2	10
低筋粉	35	200
核桃仁	45	250

二、制作方法

1. 先将巧克力跟奶油一起隔水加热到50℃至溶化状态；

2. 再将鸡蛋、细砂糖和盐打匀，加入溶化好的巧克力奶油液，稍加搅拌；

3. 低筋粉、泡打粉过筛，依次将筛后的低筋粉、泡打粉和180克核桃仁加入奶油液搅拌缸中，拌匀；

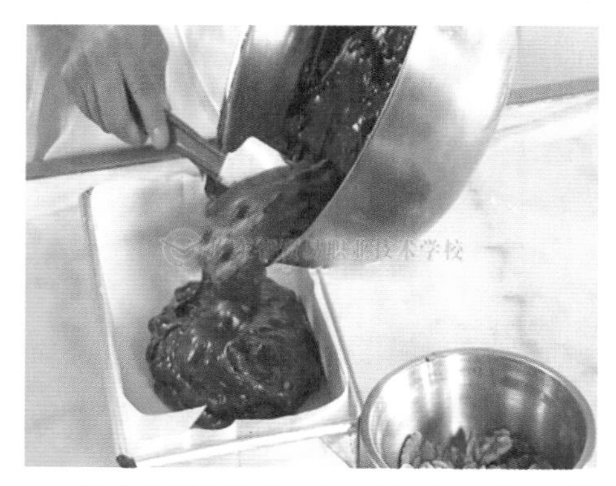

4. 所有原料拌匀后，就可以装入模具进行烘烤了，装入模具前，模具要提前垫上耐高温油纸；

5. 装入模具中至八分满，在面糊表面再撒上70克左右的核桃仁，即可送入烤箱，用上火190℃、下火170℃的炉温，烘烤15分钟，降到上火180℃、下火160℃，20分钟左右就可以出炉。

三、产品照片

四、产品特色

布朗尼是一种非常可口的巧克力甜点，口感绵密，醇香浓郁，既有核桃仁的香脆，又有浓郁的巧克力味。

想一想：

巧克力布朗尼在搅拌过程中要注意什么？

指点迷津：

巧克力布朗尼在搅拌过程中，不需要过度搅拌原材料，鸡蛋、奶油都不需要打发，也不要搅进过多的空气。

任务二　黑森林蛋糕

一、配方

	原料	百分比（%）	重量（克）
巧克力蛋糕	蛋	200	540
	糖	95	255
	低筋粉	100	270
	可可粉	11	30
	蛋糕油	10	27
	牛奶	28	75
	盐	1	3
	色拉油	22	60
巧克力奶油	黑巧克力	100	125
	鲜奶油	200	250
	樱桃酒		适量
糖浆	细砂糖	100	200
	水	50	100
	樱桃酒	50	100

二、制作方法

（一）巧克力蛋糕底的制作方法

1. 将鸡蛋跟糖、蛋糕油、盐、牛奶用慢速搅拌均匀，再快速打发至湿性起泡，最后用中速排气 1～2 分钟；

2. 加入过筛好的低筋粉、可可粉，慢速拌匀；

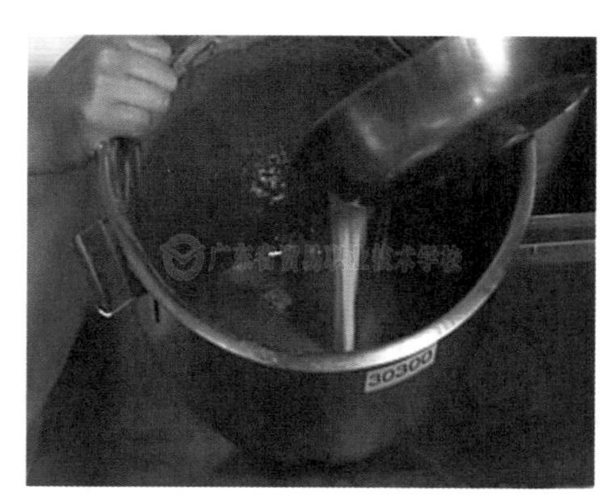

3. 加入加热的色拉油，轻轻拌匀；

4. 倒入模具前，要提前将模具内层刷油，倒入八分满，送入烤箱烘烤，以 170℃炉温烘烤 30～40 分钟就可以出炉。

（二）巧克力奶油的制作方法

1. 将鲜奶油中速打发至湿性起泡阶段，将溶化好的巧克力加入打发的鲜奶油中搅拌均匀；

2. 最后加入樱桃酒拌匀备用。

（三）糖浆的制作方法

1. 先将糖和水煮成糖水，熬煮至糖充分溶解，放置室温下晾凉；
2. 等糖水晾凉后加入樱桃酒即可。

（四）以上几个步骤完成后，最后组合成黑森林蛋糕

1. 首先将晾凉的蛋糕脱模，横切成三等份，先取一片刷上一层糖浆；

2. 再铺上巧克力奶油和酒渍樱桃；

3. 用抹刀将巧克力片均匀地装饰在蛋糕的表面和侧面，再装饰。

三、产品照片

四、产品特色

巧克力与樱桃完美结合，有浓浓的酒香味。

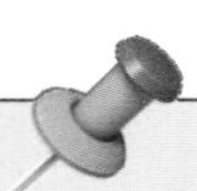

小贴士：

位于德国西南方的黑森林是旅游胜地，当地盛产樱桃。每当樱桃丰收时，当地居民就用樱桃制作蛋糕，于是就有了黑森林蛋糕。

任务三　心太软

一、配方

	原料	百分比（%）	重量（克）
蛋糕体	牛油	100	500
	黑巧克力	60	300
	白巧克力	40	200
	蛋黄	2	8
	鸡蛋	2	8
	糖	45	225
	低筋粉	16	80
巧克力馅	淡奶油	117	700
	黑巧克力	100	600
	白巧克力	33	200

二、制作方法

（一）巧克力馅的制作方法

1. 把黑巧克力和白巧克力切碎；

2. 把淡奶油加热倒入 1 中，溶化巧克力；

3. 搅拌完成的成品。

（二）蛋糕体的制作方法

1. 把黑巧克力和白巧克力切碎，并混合在一起；

2. 把牛油加热倒入 1 中，溶化巧克力；

3. 把蛋黄、鸡蛋、糖搅拌均匀，跟 2 混合拌匀；

4. 把低筋粉加入 3 中拌匀；

5. 蛋糕液体倒入模具一半后加入巧克力馅，再倒入蛋糕液体至七分满，入炉，上火 195℃，下火 180℃，烤 15 分钟出炉脱模。

三、产品照片

四、产品特色

巧克力味道浓郁，体验两种不同的巧克力口感，搭配酸甜的橙汁，中和了巧克力的甜，是下午茶的首选。

想一想：

1. 制作巧克力流心馅时要注意什么？
2. 怎样确保蛋糕有流心馅？

指点迷津：

1. 制作巧克力流心馅时要提前一天做好，把它放在冰箱冻成固体。
2. 在烘烤蛋糕时要高温、短时，这样才能确保蛋糕有流心馅。

法式甜点

师傅教路：

法国一直以浪漫热情而闻名于世，满眼紫色的普罗旺斯，静静流淌的塞纳河，诉说着一个又一个动人的故事。法国的另一代表就是甜点。它代表着甜美和爱情，法国人对其有一种特殊的偏爱，他们醉心于研究各种闪耀着精致诱人光彩的甜点，让人不禁心向往之。

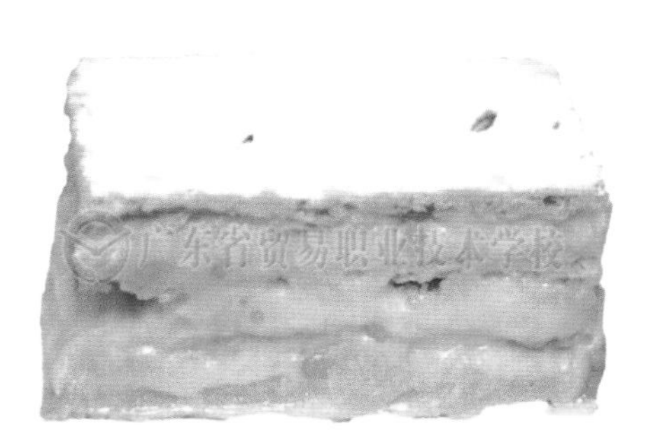

任务一　马卡龙

一、配方

	原料	百分比（%）	重量（克）
马卡龙面糊	杏仁粉	100	200
	糖粉	100	200
	蛋白	70	140
马卡龙夹心馅料	糖粉	30	60
	白巧克力	100	200
	鲜奶油	40	80
	奶油	5	10

二、制作方法

（一）马卡龙面糊的制作方法

1. 首先将杏仁粉、糖粉混合过筛备用，除去杂质；

2. 将蛋白打发到湿性起泡后，加入1/10的糖粉继续打发，剩余的糖粉分2～3次加入，打到干性起泡；

3. 再将过筛后的杏仁粉、糖粉混合倒入蛋白糊里，用软刮刀搅拌均匀至面糊出现光泽；

4. 将面糊分三份倒入三个盆子里，分别用红色、绿色、黄色调颜色；

5. 再分别将面糊倒入装有圆形裱花嘴的裱花袋里，于耐高温胶布上挤成扁圆形，表面干燥后用 180℃ 烘烤约 16 分钟。

（二）马卡龙夹心馅的制作方法

1. 将奶油放置到室温温度 30℃ 左右备用，将白巧克力切碎放入不锈钢盆中备用；

2. 将鲜奶油放入盆中加热；

3. 待鲜奶油煮开沸腾后倒入白巧克力里，用软刮刀从中心点开始搅动，使巧克力溶化，拌匀后，继续加入奶油搅拌均匀；

4. 把夹心馅挤入烤好的马卡龙上；

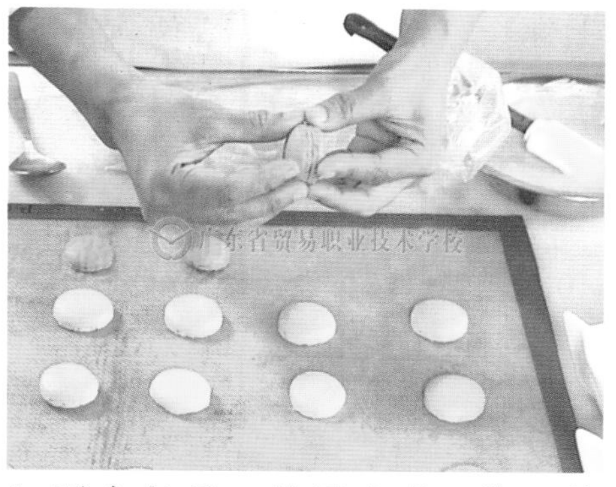

5. 再拿起另一块马卡龙，将两块黏合起来。

三、产品照片

四、产品特色

马卡龙外脆内软，有浓郁的杏仁味。理想的马卡龙应该表面平坦、干爽，内部有点黏，旁边有裙边。

想一想：

1. 马卡龙的口感怎么样？
2. 马卡龙的蛋白糊的搅拌和加入杏仁搅拌时要注意什么？
3. 马卡龙挤出成形时的技术关键是什么？

指点迷津：

马卡龙发源于意大利，而在法国发扬光大，是具有历史的古典糕点。制作马卡龙关键在于蛋白糊和杏仁粉的混拌方式，以及烘烤的方式。

任务二　歌剧院蛋糕

一、配方

	原料	百分比（%）	重量（克）
杏仁蛋糕底	细砂糖	100	400
	蛋白	120	480
	低筋粉	50	200
	杏仁粉	100	400
	鸡蛋	150	600
	牛油	30	120
Butter Cream	细砂糖	100	150
	蛋白	100	150
	水	37	55
	细砂糖	100	150
	牛油	333	500
巧克力酱	黑巧克力	148	200
	动物性鲜奶油	100	135
	牛奶	22	30
糖液	细砂糖	300	300
	水	100	100
	咖啡酒	100	100
	咖啡粉	50	50
巧克力淋面	动物性鲜奶油	85	120
	细砂糖	100	142
	水	88	125
	可可粉	42	60
	鱼胶片	5	7.5

二、制作方法

（一）杏仁蛋糕底的制作方法

1. 先将鸡蛋、杏仁粉、低筋粉拌至全发，颜色呈淡黄色；

2. 蛋白用另一个搅拌缸中速打至起泡，然后加入细砂糖高速打至湿性起泡，再慢速排气 1 分钟即可；

3. 将以上打好的两种原料轻轻地混合在一起，拌匀；

4. 加入溶化好的牛油，拌匀即可入模，装入模具前，模具要垫纸，装好后用 180℃的炉温烤约 10 分钟。

（二）Butter Cream 的制作方法

1. 将水、细砂糖一起煮成 110℃ 的糖水，蛋白用中速打至起泡，再加入细砂糖继续打至湿性起泡，后加入煮好的糖水，搅拌成蛋白霜备用；

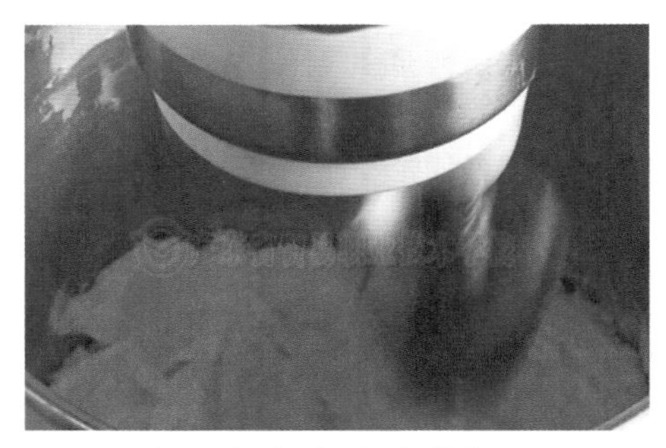

2. 牛油打至颜色变为淡黄色；

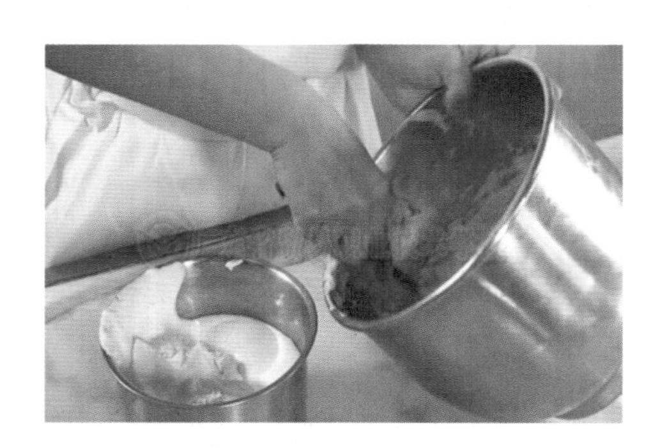

3. 加入之前搅拌好的蛋白和糖水融合物，再搅拌均匀即可。

（三）巧克力酱的制作方法

1. 将动物性鲜奶油、牛奶混合在一起加热；

2. 巧克力切成小块后，加入加热的鲜奶油、牛奶，搅拌均匀即可。

(四) 糖液的制作方法

1. 把水和细砂糖先煮成糖水，再加入咖啡粉搅拌均匀；

2. 冷却后加入咖啡酒即可。

(五) 巧克力淋面的制作方法

1. 将鱼胶片用冰水浸泡至软；

2. 将水、细砂糖、动物性鲜奶油混合，煮至沸腾；

3. 先加入过筛好的可可粉搅拌均匀，再加入泡软的鱼胶片拌匀即可。

（六）最后进行蛋糕的成形组合

1. 先将制作好的杏仁蛋糕底裁成所需要的大小（大约 7 片），每片刷上糖液；

2. 第一片蛋糕铺上一层 Butter Cream，再放入第二片蛋糕，抹上一层巧克力酱，以此类推；

3. 自然冷冻凝固，在整个蛋糕表面均匀地淋上一层巧克力淋面；

4. 冷冻半小时，切成长 7 厘米、宽 5 厘米的长方形，然后装饰水果和巧克力。

三、产品照片

四、产品特色

歌剧院蛋糕的多层次造就了丰富的口感，咖啡味浓郁，口感绵密。

想一想：

歌剧院蛋糕的蛋糕底是采用什么方法制作的？

师傅教路：

首先采用杏仁粉与低筋粉以2∶1的比例进行制作，其次采用戚风蛋糕的打发方法，使蛋糕的口感更加湿润。

小贴士：

歌剧院蛋糕又名欧培拉（Opera的音译），由于形状方方正正，表面还淋有一层薄薄的巧克力，平滑的外表就像歌剧院中的舞台，因此称为歌剧院蛋糕。多层次的味道更像跳跃的音符，以金箔衬托奢华和细腻。

任务三　香草梳芙厘

一、配方

原料	百分比（%）	重量（克）
蛋白	100	100
糖	20	20
蛋黄	5	5
牛奶	15	15
低筋粉	15	15
香草香精		适量

二、制作方法

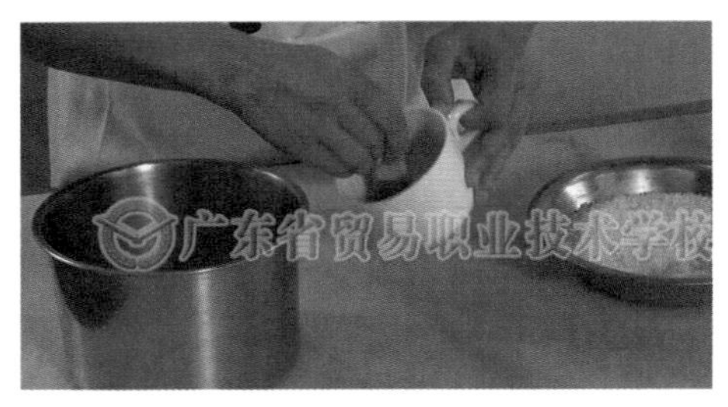

1. 首先将蛋白冷藏5分钟，使蛋白容易打发和稳定，在梳芙厘的杯子内壁扫上奶油后再沾糖备用；

2. 将牛奶和低筋粉混合拌匀后过筛，加入打散的蛋黄拌匀，面糊液过筛，除去颗粒；

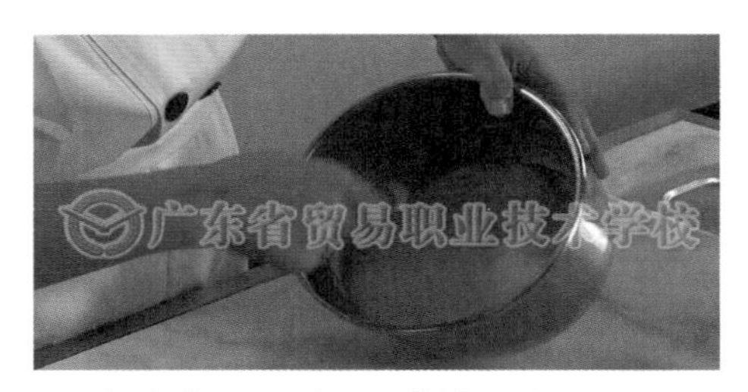

3. 将冷藏的蛋白用搅拌器打至起泡，加入糖，再继续打发至干性起泡，轻轻地加入蛋黄混合液和香草香精中，注意不可将蛋白气泡搅至消泡；

4. 拌匀后将面糊倒入已扫油及沾糖的瓷杯中，装满瓷杯，放入烤炉烘烤，炉温控制在170℃，烘烤时间约18分钟；

5. 出炉后，在表面撒上糖粉，梳芙厘就做好了。

三、产品照片

四、产品特色

梳芙厘是一种很松软、类似蛋糕的甜点，但面糊较蛋糕稀薄，必须趁热供应。一般在西餐厅中作为餐后甜点食用。

想一想：

制作梳芙厘的关键点是什么？

指点迷津：

制作梳芙厘的关键点是要采用高温、短时的烘烤，让蛋糕体快速膨胀。

任务四　拿破仑酥

一、配方

	原料	百分比（%）	重量（克）
酥皮	高筋粉	70	500
	低筋粉	70	500
	盐	0.3	2
	水	34	240
	蛋	10	70
	起酥油	28	200
法式香草奶油	牛奶	588	500
	糖	100	85
	蛋	95	80
	吉士粉	70	60
	牛油	35	30
	香草条		半条
	装饰糖粉		适量

二、制作方法

（一）酥皮的制作方法

1. 将高筋粉、低筋粉、水和蛋混合拌匀搅至起筋度，再用压面机压成长方形面块；

2. 面和起酥油的比例为 3 ∶ 1，开酥（3 厘米 ×3 厘米 ×4 厘米）放进冰箱冷藏 2 小时左右；

3. 取出开好的酥皮面，用压面机压成长 10 厘米、宽 20 厘米、厚 1 厘米的正方形；

4. 用小刀在酥皮上戳小孔；

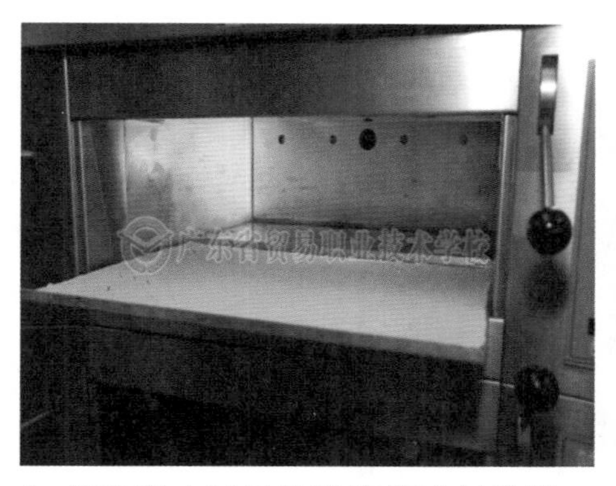

5. 松弛半小时后放进烤箱进行烘烤；

6. 烤至金黄即可。

（二）法式香草奶油的制作方法

1. 将牛奶、香草和糖煮至 80℃，取出香草条，加入蛋和吉士粉煮开；

2. 把煮好的香草奶油倒入搅拌机内，加入牛油搅拌至光滑即可。

（三）装饰成形

1. 将烘烤好的酥皮用刀切成长 30 厘米、宽 10 厘米的长方形；

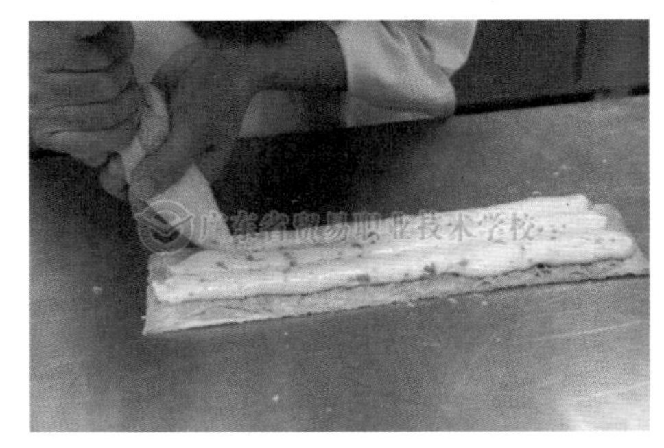

2. 用 3 件酥皮分成两层夹着香草奶油馅，撒上糖粉。

三、产品照片

四、产品特色

层层酥脆的饼皮加上绵滑的馅料，就是拿破仑酥的特色。

想一想：

拿破仑酥制作过程中要注意什么？

指点迷津：

拿破仑酥其实就是混酥，在制作时要注意擀至 1 厘米厚度，在酥皮上扎满孔洞，让酥皮在加热时能排除空气，防止膨胀。

芝士蛋糕类

师傅教路：

芝士蛋糕，又称起司蛋糕、奶酪蛋糕，是西方甜点的一种。英文是 Cheese Cake。它有着柔软的上层，混合了特殊的芝士（芝士又名奶酪、干酪，指动物乳经过乳酸菌发酵或加酶后凝固，并除去乳清制成的浓缩乳制品），如 Ricotta Cheese，再加上糖和其他配料，如鸡蛋、奶油和水果等。

任务一　重芝士蛋糕

一、配方

	原料	百分比（%）	重量（克）
曲奇蛋糕底	曲奇碎	100	150
	奶油	30	60
芝士馅	芝士	100	500
	糖	20	100
	鸡蛋	30	150
	奶油	6	30
	鲜奶油	20	100
	柠檬汁及柠檬皮	4	20

二、制作方法

1. 首先在饼圈内侧涂上奶油，备用；

2. 将曲奇碎和已溶化的奶油混合，再把曲奇混合物压入蛋糕模具底部，备用；

3. 用搅拌机搅拌芝士和糖，打发到糖溶化、芝士光滑没有颗粒时分次加入鸡蛋，搅拌均匀，然后加入溶化好的奶油溶液，拌匀，再加入鲜奶油，拌匀，最后加入柠檬汁和柠檬皮；

4. 将面糊倒入已涂好奶油的蛋糕模具里，烘烤温度为上火 130℃、下火 100℃，烘烤 90 分钟取出。

三、产品照片

四、产品特色

重芝士蛋糕有浓郁醇厚的芝士味，拥有蛋糕和甜点双重美味。营养丰富，口感柔滑细腻，有浓厚的奶香味。

想一想：

1. 芝士蛋糕分为哪几类？
2. 工艺过程有什么不同？

指点迷津：

1. 现在市面上的芝士蛋糕一般分为重芝士蛋糕和轻芝士蛋糕。

2. 工艺过程的不同在于，重芝士蛋糕采用先溶化芝士再加其他材料的方法，而轻芝士蛋糕的制作方法类似于戚风蛋糕。

任务二　南瓜芝士蛋糕

一、配方

	原料	百分比（%）	重量（克）
牛油酥粒	牛油	50	20
	糖	50	20
	低筋粉	100	40
南瓜芝士	芝士	100	400
	糖	45	175
	蛋	40	170
	南瓜蓉	75	300
	低筋粉	5	20
	奶油		适量
装饰	装饰糖粉		适量
	装饰薄荷叶		适量

二、制作方法

（一）牛油酥粒的制作方法

将牛油、糖混合拌匀，加入低筋粉搓成粗粒状，冷藏凝固备用。

（二）芝士蛋糕的制作方法

1. 在蛋糕模具内刷一层奶油；
2. 将南瓜去皮切成块状，蒸熟南瓜并搅成南瓜蓉；

3. 将芝士和糖搅拌至均匀光滑，分次加入蛋，拌匀；

4. 再加入南瓜蓉和低筋粉，搅拌至光滑没颗粒；

5. 最后将南瓜芝士馅装入蛋糕模具至八成满，再放牛油酥粒，烘烤温度为170℃或150℃，烘烤约35分钟。

（三）装饰成品

出炉后，冷却2小时，脱模摆碟，撒上糖粉，装饰薄荷叶即可。

三、产品照片

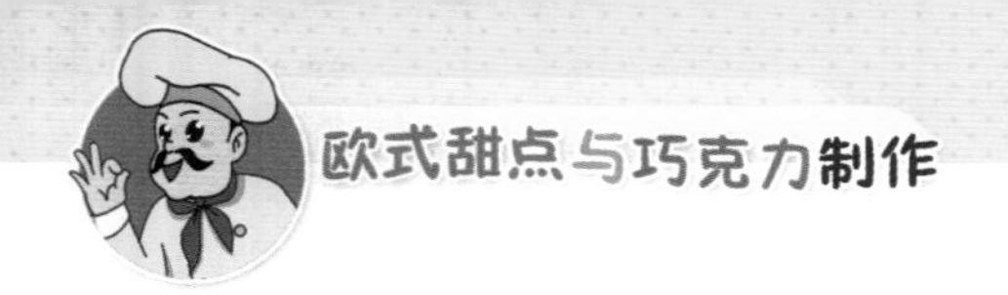

四、产品特色

口感柔滑细腻，有浓厚的南瓜香味。

想一想：

制作南瓜芝士馅时要注意什么？

指点迷津：

买回来的南瓜要先洗干净、去皮，再放进蒸笼里蒸熟，取出晾凉后才可以使用。

任务三　日式芝士蛋糕

一、配方

原料	百分比（%）	重量（克）
芝士	156	250
牛奶	125	200
粟米油	62. 5	100
蛋黄	87. 5	140
蛋糕粉	62. 5	100
粟粉	37. 5	60
蛋白	187. 5	300
细砂糖	100	160
塔塔粉	2. 5	4

二、制作方法

1. 将芝士、牛奶、粟米油隔水加热至溶化，冷却到60℃，备用；

2. 将蛋黄加入1中搅拌；

3. 将蛋糕粉、粟粉过筛，加入2中搅拌成面糊；

4. 将蛋白、细砂糖、塔塔粉打至起发，加入3中搅拌均匀；

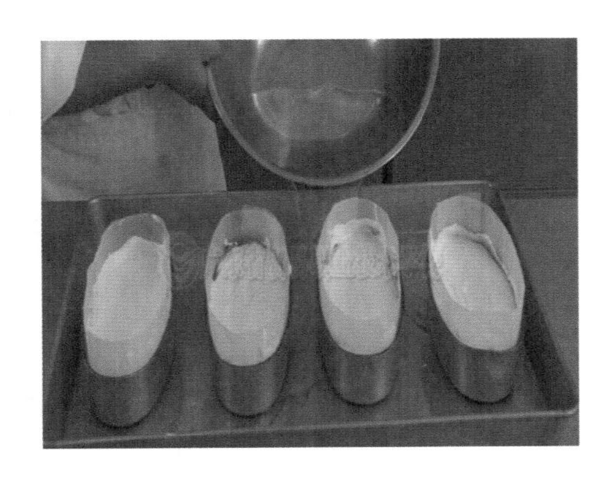

5. 装入模具，大约六成满，入炉烘烤，炉温是上火160℃、下火50℃，时间约80分钟。

三、产品照片

四、产品特色

口感松软，像棉花，有芝士的味道。

想一想：

1. 日式芝士蛋糕有什么特点？
2. 为什么烤芝士蛋糕时要隔水加热？

师傅教路：

1. 芝士占蛋糕总体比例较少，有芝士味，口感松软，如丝般溜滑，切时感觉像在切豆腐。

2. 芝士蛋糕是一种蛋奶沙司，是精制的点心。需要慢慢地、均匀地把蛋糕烤熟，而且表面上不会焦。最有效的方法就是放在水里烤（即在一个比较大的烤盘里放上开水，把蛋糕放在装水的烤盘里烤），因为水在100℃的时候会发生蒸腾作用，所以蛋糕的外面不会比蛋糕的中间先熟（这也是造成蛋奶分开、中间塌陷和裂缝的主要原因）。

慕斯类

师傅教路：

慕斯是英文 Mousse 的音译，又译作木司等。它是一种奶冻式的甜点，可以直接吃或做蛋糕夹层。通常是加入奶油与凝固剂来形成浓稠冻状的效果。

任务一　巧克力草莓慕斯蛋糕

一、配方

	原料	百分比（%）	重量（克）
草莓慕斯	草莓果泥	100	300
	糖	10	30
	鱼胶片	3	9
	鲜奶油	100	300
	樱桃酒	3.2	10
巧克力慕斯	鲜奶油	34	120
	牛奶	29	100
	可可粉	7	25
	黑巧克力	69	240
	鲜奶油（打发）	100	350
	奶油	29	100
镜面巧克力酱	水	43	90
	糖	105	220
	鲜奶油	100	210
	可可粉	43	90
	鱼胶片	6	12

二、制作方法

（一）草莓慕斯的制作方法

1. 将鱼胶片用冰水泡软备用；

2. 然后将糖和草莓果泥混合搅拌；

3. 将1/3的草莓果泥倒入盆子里，加入鱼胶片，用隔水加热法溶解，然后加入剩余的草莓果泥中，继续搅拌，再加入樱桃酒混合；

4. 取已打发好的约1/3的鲜奶油加进去，搅拌均匀，再倒回剩余的鲜奶油中，拌匀；

5. 最后倒进铺有蛋糕片的慕斯模型里，把表面刮平，放进冰箱，冷却凝固。

（二）巧克力慕斯的制作方法

1. 将鲜奶油、牛奶加热；

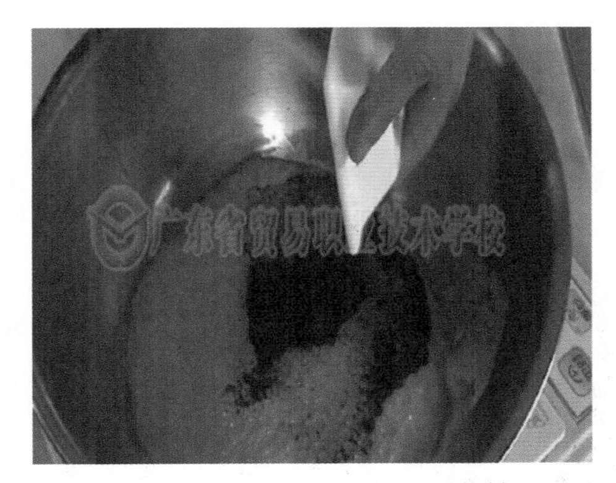

2. 加入可可粉，用打蛋器搅拌至可可粉溶化；

3. 倒入切碎的黑巧克力，用软刮刀搅拌，使巧克力完全溶解；

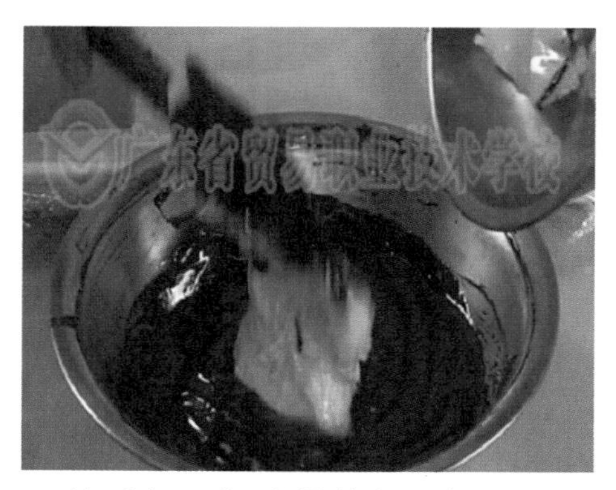

4. 然后加入奶油并拌匀，鲜奶油打发到湿性起泡，将鲜奶油加进去，混合拌匀；

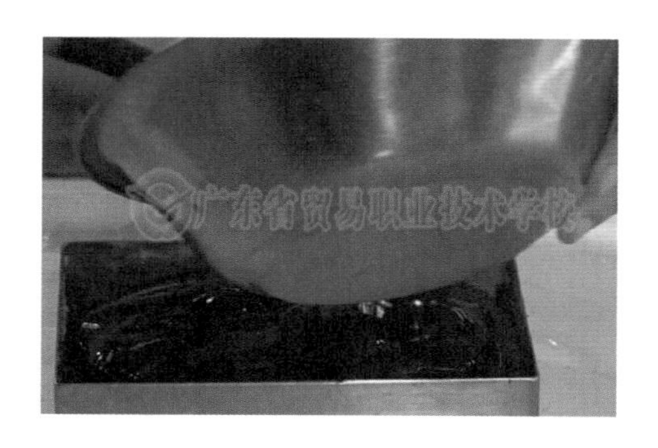

5. 最后倒入装有草莓慕斯的模型里，用抹刀抹平，放入冰箱中冷却凝固30分钟左右。

（三）镜面巧克力酱的制作方法

1. 将鱼胶片用冰水泡软备用，可可粉过筛备用；

2. 水、糖和鲜奶油煮开，加入可可粉，不停地搅拌，煮到沸腾后熄火；

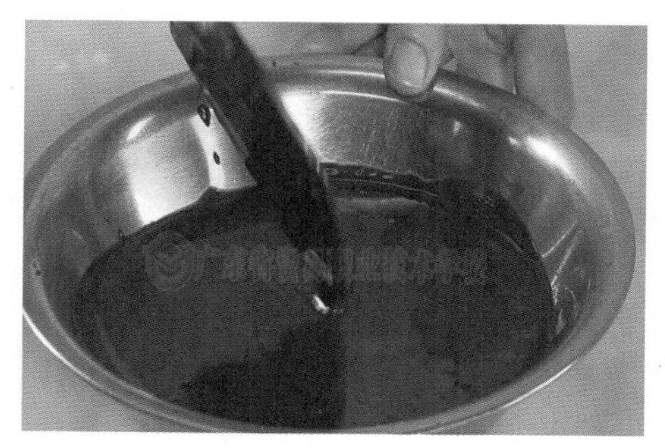

3. 加入已泡软的鱼胶片，用筛子过滤，放置一旁自然降温到50℃左右；

4. 成形前将镜面巧克力酱倒在慕斯上面，再加以装饰。

三、产品照片

四、产品特色

柔润细滑，味道丰富，酸甜适中，色泽鲜明。

想一想：

1. 什么能使慕斯蛋糕凝固？
2. 慕斯对温度有什么要求？

指点迷津：

1. Gelatine 音译就是吉利丁，又叫鱼胶片或吉利丁片，是从动物的骨头中提炼出来的胶质，半透明黄褐色，有腥味。使用时需要用冷水充分泡开胀大，然后再隔水溶化。它具有凝固作用。

2. 慕斯需要放置在 -5℃左右的环境，冷却 2 个小时即可。

行家出手：

慕斯蛋糕最早出现在美食之都——法国巴黎，最初大师们在奶油中加入起稳定作用和改善结构、口感与风味的各种辅料，使之外形、色泽、结构、口味变化丰富，更加自然纯正，冷冻后食用其味无穷，成为蛋糕中的极品。它的出现符合人们追求精致时尚、崇尚自然健康的生活理念，满足人们不断对蛋糕提出的新要求。慕斯蛋糕也为大师们提供了一个更大的创造空间，大师们通过慕斯蛋糕的制作展示出他们内心的生活悟性和艺术灵感，在西点世界杯大赛上，慕斯蛋糕的比赛竞争历来十分激烈，其水准反映出大师们的真正功力和世界蛋糕发展的趋势。1996 年美国十大西点师之一 Eric Perez 带领美国国家队参加在法国里昂举行的西点世界杯大赛，获得银牌。1997 年 Eric Perez 被特邀为当时的总统夫人希拉里 50 岁生日制作慕斯蛋糕，并在白宫现场展示技艺，成为当时轰动烘焙界的新闻。

任务二　提拉米苏

一、配方

	原料	百分比（%）	重量（克）
手指饼蛋糕	蛋白	300	375
	细砂糖	100	125
	低筋粉	100	125
	粟粉	100	125
	蛋黄	250	312
慕斯体	蛋黄	24	120
	糖水	30	150
	动物性鲜奶油	100	500
	玛斯卡邦乳酪	100	500
	朗姆酒		适量
	咖啡酒		适量
	鱼胶片	3	15
装饰	打发好的鲜奶油		少许
	可可粉		适量
	鲜奶油		适量

二、制作方法

（一）手指饼蛋糕的制作方法

1. 先将蛋黄跟一半的细砂糖搅拌均匀，再快速打发至湿性起泡，放在一边；

2. 将蛋白跟剩下的另一半细砂糖也打发至湿性起泡；

3. 将打发好的蛋黄和蛋白混合物放在一起搅拌均匀；

4. 加入过筛的低筋粉、粟粉搅拌均匀；

5. 在模具中铺好耐高温纸，用裱花袋装好面糊，在烤盘上挤出想要的形状，放入烤箱烘烤，炉温控制在170℃，烤12分钟即可出炉。

（二）慕斯体的制作方法

1. 先打发鲜奶油备用，鱼胶片用冰水浸泡至软；

2. 将蛋黄搅拌至全发，呈浅黄色的浓稠状，细砂糖与水煮至114℃，倒入打发好的蛋黄中，快速搅拌至冷却；

3. 将放于室温下稍软化的玛斯卡邦乳酪放入盆中，倒入冷却的糖水蛋黄液，轻轻搅匀；

4. 再加入打发的鲜奶油和鱼胶片；

5. 加入朗姆酒和咖啡酒。

（三）提拉米苏成形

1. 先将一片手指饼蛋糕放入模具中，倒入一层慕斯抹平，再放一片手指饼蛋糕；

2. 后倒入一层慕斯，用抹刀抹平，放入冰箱冷冻至凝固；

3. 凝固后脱模，表面抹上少许鲜奶油，用鲜奶油装饰后再撒上可可粉即可；

4. 围上一圈手指饼作为装饰。

三、产品照片

四、产品特色

提拉米苏有浓浓的咖啡酒香味，口感润滑，回味无穷。

想一想：

提拉米苏一般采用哪种芝士制作？

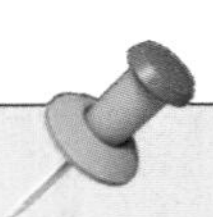

小贴士：

1. 玛斯卡邦乳酪从冰箱取出后，需要回温约 20 分钟。

2. 玛斯卡邦乳酪与蛋黄液混合拌匀时不可用力过度，否则乳酪会变质。

行家出手：

Mascarpone Cheese 是指意大利式的奶油乳酪（Italian Cream Cheese）。它是一种将新鲜牛奶发酵凝结，继而取出部分水分后所形成的“新鲜奶酪”。其固形物种乳酪脂肪成分为 80%。软硬程度介于鲜奶油与奶油乳酪之间，带有轻微的甜味，口感浓郁。

任务三　桂花芝士慕斯

一、配方

	原料	百分比（%）	重量（克）
桂花果冻	蜂蜜	100	100
	桂花	50	50
	水	30	30
	鱼胶片	10	10
芝士慕斯	芝士	100	400
	蛋黄	12.5	50
	糖	37.5	150
	鱼胶片	180	715
	蛋白	25	100
	水		少许
	泡酒葡萄干	12.5	50
	打发好的淡奶油	67.5	270

二、制作方法

（一）桂花果冻的制作方法

1. 把新鲜的桂花泡在蜂蜜里，3 天后取出，加入水煮开；

2. 加入泡软的鱼胶片即可。

（二）芝士慕斯的制作方法

1. 用冰水浸泡鱼胶片 5 分钟；

2. 蛋黄打散后，加入 35 克糖隔水加热至 80℃；

3. 芝士隔热溶化，加入 115 克糖搅拌均匀，后加入 2 搅拌均匀；

4. 蛋白打发后加入加热至 118℃的糖水，快速打至光亮；

5. 将蛋白霜加入芝士糊中拌匀，再与打发好的淡奶油拌匀；

6. 加入泡软的鱼胶片，搅拌均匀；

7. 加入泡好的葡萄干；

8. 倒入模具，冷冻 1 小时；

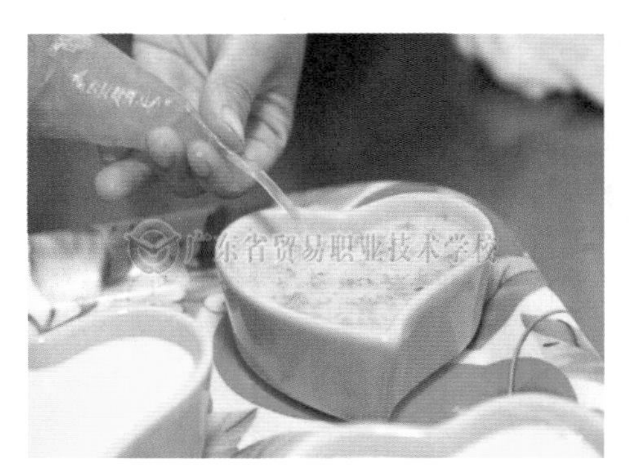

9. 加入桂花果冻，再冷冻半小时。

三、产品照片

四、产品特色

口感润滑，桂花的清香与芝士的香味结合，让人想一吃再吃。

想一想：

1. 桂花要经过怎样的处理？
2. 泡葡萄干可添加什么来增添风味？

指点迷津：

1. 要选用新鲜的桂花，用蜂蜜浸泡 3 天后才可使用。
2. 葡萄干泡发后可以加些朗姆酒进去，增添它的风味。

烘焙大讲坛　芝士蛋糕的由来

由于科技的进步和人类对美食的追求，古人的乳制品逐渐演变成今天的各种芝士蛋糕。

一、芝士蛋糕

乳制品变成芝士可追溯到公元前4000年，当时的埃及人已开始食用乳化的奶块。埃及人用乳化的奶块配着蜂蜜和杏仁来食用。希腊人当时也喜欢用这种芝士加点蜂蜜，把它当糖果给小孩。在希腊的萨莫斯岛上，居民会把芝士搅碎，加入蜂蜜和小麦粉后，用火烤成一团，这算是历史上最早的芝士蛋糕了。在那个时候，当地人的婚礼上几乎都用这种烧烤过的芝士蛋糕裹上蜂蜜来招待新人的嘉宾。

二、多样的欧洲芝士蛋糕

公元前4世纪，希腊人已经开始出售芝士。那时，已经出现了各种各样的芝士，有香料的、香草的、蜂蜜的，还出现了不同的派别。

与此同时，罗马人将芝士运用在烹饪上，还做成甜点。之后，这些用芝士做成的食品风靡欧洲。

奥地利也有一套制作烘烤芝士蛋糕的方法。但芝士经过火烤后，底部就变成深色硬块，那时绝大多数芝士蛋糕都有这个问题。为此，就有些人在芝士下面做了蛋糕坯垫底防止过焦，可以说这是一个重要的发明。

所以，欧洲各个国家的芝士蛋糕到了美国之后，就融入了当地文化，开始风行起来，为后来美式芝士蛋糕的诞生打下了基础。

三、纽约芝士蛋糕的出现

19世纪，意大利人的Ricotta Cheese Cake影响到了美国纽约的芝士蛋糕（New York Cheese Cake）风格，当然后者并没有完全接受意大利芝士蛋糕的做法。

纽约芝士蛋糕有好几派不同的做法。开始时，纽约人先跟着英国的芝士派自做面皮蛋糕底。为了更加简便，便干脆将饼干压碎了，上面放上调好的芝士酱，再放进烤箱里烘烤一下。渐渐地，这种做法在纽约流行开来，于是New York Cheese Cake风靡全美。

纽约人知道芝士蛋糕不是自己发明的食物，但这并不妨碍他们固执地在芝士蛋糕之前加上"纽约"二字，并且还自创了广告语——芝士蛋糕到了纽约之后，才成为真正的芝士蛋糕。

为了与纽约芝士蛋糕抗衡，费城也推出了自己的芝士蛋糕，叫作Philadelphia Cheese Cake，追溯的是德国人和英国人的风格。

这样一来，纽约芝士蛋糕和费城芝士蛋糕都开始流行起来，这也令许多人误认为芝士蛋糕是由美国人发明的。

知识拓展　欧式甜点常用的种类及特点

一、提拉米苏（Tiramisu）

意大利著名甜点，它起源于一个温馨的故事："二战"时期，一个意大利士兵的妻子打算给即将出征的丈夫准备干粮，但由于家里很贫穷，因此她把所有能吃的饼干和面包都做进了一个糕点里，那个糕点就是提拉米苏。因此提拉米苏在意大利语里有"带我走"的意思，象征食用者吃下的不只是美味，还有爱和幸福。

二、沙河蛋糕（Sachertorte）

奥地利著名甜点，起源于1832年某王子的家厨所做的一种甜美无比的巧克力馅。这种巧克力馅当时深受皇室喜爱。后来，一家贵族经常出入的饭店便推出了以这种巧克力涂抹的内裹杏仁及果酱的巧克力奶油蛋糕。现在，沙河蛋糕已经成为奥地利的国宝级点心。

三、维也纳巧克力杏仁蛋糕（Imperial Torte）

以奥地利首都命名的蛋糕，名字起源于奥地利最好的宾馆之名。当年宾馆开幕时，一位糕点师傅做出了一种口感特殊的蛋糕。它不仅受到了皇帝的喜爱，还被皇帝亲自赐名为"Imperial Torte"（甜蜜的问候）。由于维也纳巧克力杏仁蛋糕有可口的牛奶巧克力和甜美杏仁制成的外层，以及铺满碎杏仁和可可的内层，因此整个蛋糕吃起来既甜美又细腻。

四、歌剧院蛋糕（Opera）

法国著名甜点，是一款有着数百年历史的蛋糕，里边那股浓郁的巧克力味与咖啡味，令每个爱好巧克力与咖啡的人都迷恋不已。传统的歌剧院蛋糕共有六层，包括三层浸过咖啡糖浆的海绵蛋糕，以及用牛油、鲜奶油和巧克力奶油做成的馅。整个蛋糕充满了咖啡与巧克力的香味，入口即化。关于歌剧院蛋糕的起源有两种不同的说法：一种说法认为，此甜点原是法国一家点心咖啡店所研发出的人气甜点。因为特别受欢迎、店址又位于歌剧院旁，所以店主干脆将此甜点直接命名为"Opera"（"Opera"一词在法文里的意思就是"歌剧院"）。而另一种说法却认为，歌剧院蛋糕最先由1890年开业的甜点店Dalloyau所创制。由于其形状非常方正，表面淋着的那层薄薄的巧克力看起来很像歌剧院内的舞台，而饼面上点缀的金箔片看起来又像歌剧院加尼叶（原巴黎著名歌剧院的名字），故得到了这个形象的称呼。

五、慕斯蛋糕（Mousse Cake）

法国的另一款著名甜食，是厨师们最初在奶油中加入各种口感和风味的辅料后诞生的产物。由于慕斯蛋糕的外形、色泽、结构和口味均变化丰富，且口感自然纯正，加上将其冷冻后食用更加其味无穷的特点，因此它立刻成为蛋糕中的极品。慕斯蛋糕的出现，不但符合了人们追求精致时尚、崇尚自然健康的生活理念，也给了蛋糕大师们更大的创造空间。因为慕斯蛋糕的水准可以反映出大师们的真正功力和世界蛋糕发展的趋势，所以在西点世界杯大赛上，慕斯蛋糕的比赛历来十分激烈，大师们往往通过慕斯蛋糕的制作来向人们展示他们内心的生活悟性和艺术灵感。

六、木材蛋糕（Yule Log）

法国节日必备点心，其名字中的“Yule”其实是圣诞节的旧称，因为从维京时代至今的冬季庆典，英国的人们在圣诞节时都会在林子里砍下树木拖回去放置在壁炉内，从平安夜开始烧上12天，所以这种树木就被叫作“Yule Log”（圣诞树）。而法国人在过平安夜时都会回乡团聚。半夜时，全家人会聚集在暖炉前，边吃着这种象征着节日的蛋糕（通常配以咖啡或红茶），边借机联络家人间的感情。因此木材蛋糕就成了法国人过节时不可或缺之物。

七、奶酪蛋糕（Cheese Cake）

奶酪蛋糕，顾名思义就是加有奶酪的蛋糕，而蛋糕中所使用的奶酪则源自阿拉伯。很久以前，一个阿拉伯人在独自横越沙漠前，曾将新鲜牛奶倒进一个由羊胃制成的皮囊里。但是当他到达目的地打开皮囊后，发现里边的牛奶已经变成了一块固体状物体（即凝乳）和一汪液状的乳浆。阿拉伯人随即把这项新发现告诉了他的朋友。结果人们发现，本身极易腐败的鲜奶在制成奶酪后不但可以保存很久，而且牛奶中所含的营养也丝毫未损。之后，欧洲的一位糕点师傅在制作蛋糕时误将酵母菌放入鲜奶中，他没有察觉不妥，仍将这批蛋糕上架出售，结果人们在食用后发现这种蛋糕的味道奇好无比。而当时那些放有酵母菌的蛋糕就是今天已经很常见的奶酪蛋糕。

八、蛋奶酥（Souffle）

于中世纪诞生的法国著名甜点。它有着云朵般蓬松的外形，却能让人在吃完之后感觉似乎什么都没吃。由于当时的法国社会风气普遍贪得无厌、欲求不满，富裕的老百姓们花在吃饭上的时间要比花在工作上的时间多好几倍，往往只有三四个人的餐会，却准备了十几道菜。吃到最后，宾客都只意思性地动动刀叉。而宴会结束后的整个下午，听见的只有人们此起彼伏的打饱嗝声。这个“下午打嗝”的社会现象足足维持了半个世纪之久。为了矫正败坏的饮食风气，厨师们便运用无滋无味的蛋白，制成了这道外表优雅、内里却空虚无物的美食。

九、波士顿派（Boston Cream Pie）

美国著名甜点。事实上它并不是派，而是海绵蛋糕（Sponge Cake）。“波士顿派”这个名称来自 1855 年的一份纽约报纸，当时报纸上印了一份名为“布丁派蛋糕”（Pudding Pie Cake）的食谱，不过这份食谱中并未包含现今波士顿派里特有的巧克力糖浆。之后一位名为 Harvey D. Parker 的人于 1856 年在波士顿开设了一家叫作“Parker House”的餐馆，餐馆的菜单上正好有一道含有巧克力糖浆的布丁派蛋糕，而它就是我们今天所熟知的波士顿派。

十、戚风蛋糕（Chiffon Cake）

美国的名产之一。戚风蛋糕的前身是海绵蛋糕，它是一种完全靠打发蛋（全蛋或是分蛋）来形成蛋糕组织孔隙的糕点，因此典型的海绵蛋糕材料只有蛋、面粉和糖三样，口感比戚风蛋糕更结实、更绵密，不过在吃的时候很容易噎着（和戚风蛋糕相较）。由于口感和组织特别柔软绵滑，这种蛋糕就被命名为戚风蛋糕（名字里的“Chiffon”是“乔其纱”的意思，这是一种类似丝绸却不像丝绸般难保养的布料）。戚风蛋糕其实就是改良后的海绵蛋糕，里面除了蛋、面粉和糖之外，还放了植物油和水（作用是增加组织湿度，使口感更蓬松湿润）。但是因为面糊比较湿、不容易膨胀，所以需要靠手工来帮助面糊发泡膨胀。此外，戚风蛋糕的面糊因为比较湿，所以烘烤时必须保证面糊可以攀着烤模壁往上爬升才行，否则烤出来的蛋糕会扁扁的，组织也会硬而没有孔隙。

十一、黑森林蛋糕（Schwarzwaelder Kirschtorte）

德国名产。它的由来也很有意思，黑森林地区其实是一个位于德国西南的山区，从巴登—巴登（Baden-Baden）往南一直到弗莱堡（Freiburg）这一带都属于黑森林地区。相传很早以前，在德国黑森林地区每年樱桃丰收的季节里，农妇们除了将多余的樱桃制成果酱外，也会在做蛋糕时非常大方地将大量樱桃塞在蛋糕的夹层里，或是将其一颗颗细心地装饰在蛋糕上。而且她们在打制做蛋糕用的鲜奶油时，也会向里边加入不少樱桃汁。因此这种以樱桃和鲜奶油为主料的蛋糕从黑森林地区传到外地后，也就变成所谓的“黑森林蛋糕”了。所以“黑森林蛋糕”这名字实际上指的不是黑色的蛋糕，也不是巧克力蛋糕的代名词，而是“没有加巧克力的樱桃奶油蛋糕”的意思。因此，真正正宗的黑森林蛋糕里应该是没有放半点巧克力的，但现在的德国糕点师傅在制作黑森林蛋糕时会加进不少巧克力。不过黑森林蛋糕真正的主角，应该还是那一颗颗鲜美的樱桃才对。因此德国政府对这种国宝级蛋糕也制定了烘焙时必须要达到的相关标准，如黑森林蛋糕的鲜奶油部分要含有 80 克以上的樱桃汁才算过关等。

十二、年轮蛋糕（Baumkuchen）

德国的马格登堡名产，发源地在德国东部的萨克森—安哈特州（Sachsen-Anhalt）。它是一种非常具有特色的甜点，看上去就像一小段树桩。若把它横着切开的话，蛋糕切面便会呈现出一圈圈年轮状的花纹，十分美丽独特。年轮蛋糕的原料和普通蛋糕差不多，都是由面粉、鸡蛋、菱粉、糖、香草、肉桂、朗姆酒、柠檬粉和丁香等材料制成的。它之所以价格昂贵，是因为制作过程极其烦琐。制作年轮蛋糕主要靠一个特殊的烘烤装置。用来烘烤年轮蛋糕的是搁置在火上且不断旋转的一根铁棒，铁棒下面是燃烧的火焰。必须把年轮蛋糕的原坯调制好后，才能把它慢慢地浇在铁棒上，使其成为一层薄薄的皮。等这层皮烤熟之后，才能再浇第二层。这样的蛋糕层至少得烤上数十片，因此制作一个年轮蛋糕需要很长的时间。只要在蛋糕的外层浇上巧克力酱后再待其冷却，年轮蛋糕就做好了。装饰的巧克力酱一般有棕色的奶油巧克力、白色的白巧克力和深棕色的香草巧克力等几种，也有直接用白糖酱浇制的。年轮蛋糕不仅形象独特，口感也松软蜜甜，是圣诞节期间最受欢迎的甜食，而且因为其价格不菲，人们常常爱把它当礼物送给别人。真正用手工制作的年轮蛋糕有着不规则的边缘，蛋糕的粗细也不太均匀，人们只有在某些蛋糕店（Konditorei）里才有机会品尝，因为现在已经很少有人用手工来制作年轮蛋糕了。

十三、圣诞面包（Stollen）

德国著名甜点，至今已有五百年历史。由于浸过大量黄油，因此圣诞面包的口感与蛋糕十分接近。圣诞面包的制作过程十分繁复，即使是在欧洲，也只有为数不多的老饼屋能够坚持以纯手工传统配方生产。要完成一个圣诞面包，必须花上半个月的时间。首先，要将干果泡在酒里，然后将浸透着酒香的干果和杏仁膏揉入重黄油面团，烘烤之后，还得在布满皱褶的表面上撒满厚厚的白色糖粉，一个仿佛覆满了皑皑白雪的圣诞水果面包才算大功告成。

十四、长崎蜂蜜蛋糕（Nagasaki Castella）

日本著名甜点。蜂蜜蛋糕最早起源于荷兰古国，当时的贵族在招待使节时都会用它来向宾客表达主人最隆重的敬意。大约 16 世纪时，由于当时的德川幕府采取锁国政策，仅在局部开放长崎等少数地点作为外国船队访日的港口，因此希望进入日本做生意的荷兰商人便特地面见天皇，并呈上荷兰皇室招待贵宾用的精致蛋糕。蛋糕特殊的香甜气息与滑细的口感，立即博得天皇的赞赏。到了 17 世纪，葡萄牙的传教士和商人也远渡重洋来到长崎。他们为与当地人建立友谊，便采取向贵族分送葡萄酒、向平民分送甜点的策略，希望借此传播基督教。这种用砂糖、鸡蛋和面粉做成的甜点在民众之间大受欢迎。这就是长崎蜂蜜蛋糕的由来。

模块二自我测验题

一、填空题

1. 在生日蛋糕上摆上做装饰的草莓，是属于食品加工中________来形成色彩。
2. Cinnamon 的中文意思是________。
3. 法国的著名甜点马卡龙里面的主要材料是________。
4. 英国的下午茶分为________和________两类。
5. 制作核桃蛋糕时，核桃仁应预先________。
6. 黑森林蛋糕坯的颜色是________。
7. 从冰箱中取出盒装鲜奶油后，跟着应________。
8. ________水果可用于制作水果蛋糕。
9. ________是符合圣诞节蛋糕的装饰要求。
10. 婚礼蛋糕一般以________作基调，以示纯洁。
11. 糖粉的英文名称是________。
12. 蛋糕专用粉的英文名称是________。
13. Brandy 的中文意思是________。
14. Swiss Roll 的中文意思是________。

二、判断题

(　　) 1. 在蛋糕装饰中，肯定要使用人工合成色素。
(　　) 2. 制作核桃蛋糕时，核桃不能预先烘烤，也不能切碎。
(　　) 3. 人造奶油应有其特有的奶油香味。
(　　) 4. 奶酪酥条（芝士条）的奶酪不能用刨碎的或丝状的。
(　　) 5. 杏仁片的英文名称是 Almond Slice。

三、简答题

1. 写一个西方情人节的菜单。
2. 常见宴会的种类有哪些？
3. 食品造型艺术包括哪些方面？

模块 三

布丁、果冻类

师傅教路：布丁是Pudding的音译，意译则为“奶冻”，广义上泛指由浆状的材料凝固成固体状的食品，如圣诞布丁、面包布丁、约克郡布丁等，常见制法包括焗、蒸及烤等。狭义来说，布丁是一种半凝固状的冷冻的甜点，主要材料为鸡蛋和卡士达酱（Custard），类似果冻。在英国，布丁一词可以代指任何甜点。果冻是一种西方甜点，口感软滑，属于低热食品。

香料焦糖布丁

一、配方

原料	百分比（%）	重量（克）
淡奶油	320	650
香草棒	2	4
肉桂	1	2
丁香	1	2
黑胡椒	1	2
八角	1	2
白砂糖	100	200
蛋黄	50	100
鱼胶片	6	12
糖	25	50
装饰：红糖/糖粉		少许

二、制作方法

（一）慕斯的制作方法

1. 将香草棒、肉桂、丁香、黑胡椒、八角加入250克淡奶油中煮沸；

2. 过筛，剩下液体；

3. 把白砂糖煮成焦糖；

4. 加入2并搅拌均匀；

5. 将蛋黄跟50克糖搅拌均匀，再加入4拌匀；

6. 将剩下的400克淡奶油打发至七成，加入4中；

7. 鱼胶片用冰水浸泡5分钟，隔水溶化成液体，加入4中搅拌均匀。

（二）成形

1. 入模，慕斯填满，放入冰箱冷藏 2 小时；

2. 表面撒红糖或糖粉；

3. 用火枪喷成焦糖；

4. 装饰。

三、产品照片

四、产品特色

中式调料与甜点完美结合，开创了新的风味。

想一想：

香料应怎样处理？

指点迷津：

首先从配方中可以看到中餐常用的调料，将它们用淡奶油浸泡和煮制，让它们的香味渗透出来，再加入甜点中。

法式焦糖布丁

一、配方

原料	百分比（%）	重量（克）
牛奶	83	150
鲜奶油	100	180
糖	42	75
蛋	28	50
蛋黄	17	30
表面装饰的糖		适量

二、制作方法

1. 首先将蛋黄打散，过筛，煮至80℃即可；

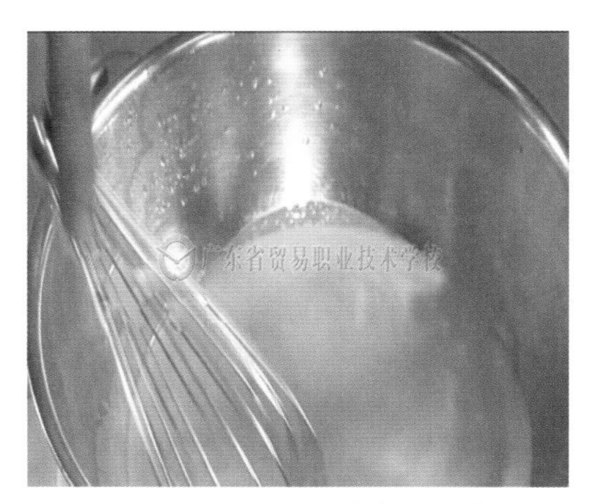

2. 把牛奶和鲜奶油、糖煮开，备用；

3. 将煮好的牛奶液倒入蛋黄液中，拌匀，过筛；

4. 将蛋液注入陶瓷杯子中，在烤盘中加水，用180℃的炉温烘烤约25分钟即可。

三、产品照片

四、产品特色

既有鸡蛋香味和牛奶味，又有糖的焦香味，口感甜滑香浓。

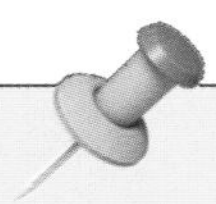

想一想：

1. 隔水烘烤，温度要怎么调节？
2. 烤盘的水量大约是多少？

小贴士：

测试布丁是否熟的方法：用手摇晃一下布丁杯子，看杯里的蛋液是否晃动，如果没有晃动就表示已经烤熟。

白葡萄酒鲜果果冻

一、配方

原料	百分比（%）	重量（克）
白葡萄酒	100	200
水	125	250
糖	35	70
鱼胶片	10	20
柠檬皮及柠檬汁		适量
石榴糖水		适量
果肉（火龙果、芒果、蓝莓、车厘子、草莓、红葡萄）		适量
装饰的番茜		适量

二、制作方法

1. 柠檬削皮、榨汁；
2. 火龙果、芒果、草莓、车厘子切粒，备用；

3. 将鱼胶片用冰水泡软，备用；

4. 将糖和水煮开，加入已泡软的鱼胶片、柠檬汁及柠檬皮，拌匀；

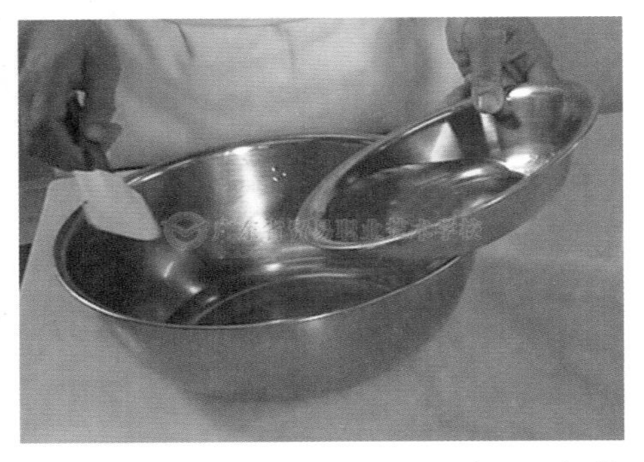

5. 搅拌降温至50℃左右，加入白葡萄酒，搅匀成白葡萄酒果冻；

6. 先在酒杯中倒入少许石榴糖水，再加入白葡萄酒果冻至半杯，放入草莓、车厘子等，放入冰箱冷藏至白葡萄酒果冻凝固；

7. 凝固好后取出，再放入一层水果，倒入第二层白葡萄酒果冻，再放进冰箱冷藏至凝固；

8. 待完全凝固后，取出，食用前用番茜或薄荷叶装饰，白葡萄酒鲜果果冻就做好了。

三、产品照片

四、产品特色

白葡萄酒鲜果果冻口感爽滑，层次丰富，色彩鲜艳，很适合为派对增添热闹气氛。

想一想：

能使果冻凝固的材料有哪些？

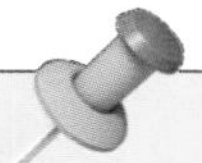

小贴士：

能使果冻凝固的材料有：琼脂、鱼胶粉、吉利丁片、大菜糕、寒天粉。

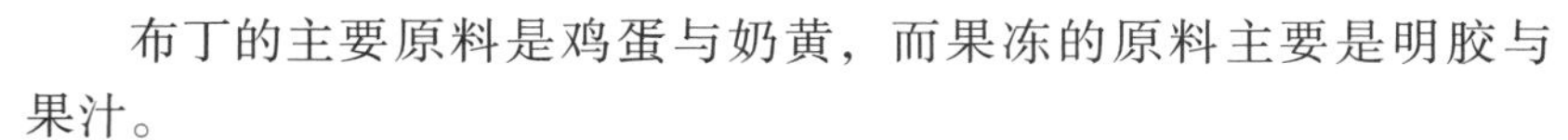

知识拓展　果冻和布丁的种类及特点

一、果冻和布丁的种类

布丁的主要原料是鸡蛋与奶黄，而果冻的原料主要是明胶与果汁。

果冻种类繁多，有果汁果冻、葡萄味果冻、凤梨味果冻、芒果味果冻、芦荟荔枝味椰果果冻、荔枝味果冻、苹果味果冻、什锦味果冻……而布丁也有很多种：鸡蛋布丁、芒果布丁、鲜奶布丁、巧克力布丁、草莓布丁等。

二、果冻和布丁的特点

1. 果冻是一种西方甜点，呈半固体状，由食用明胶加水、糖、果汁制成，亦称啫喱，外观晶莹，色泽鲜艳，口感软滑。果冻属于低热食品。

2. 布丁，英语 Pudding 的音译，意译则为“奶冻”，广义上泛指由浆状的材料凝固成固体状的食品，如圣诞布丁、面包布丁、约克郡布丁等，常见制法包括焗、蒸及烤等。狭义来说，布丁是一种半凝固状的冷冻的甜点，主要材料为鸡蛋和卡士达酱，类似果冻。在英国，布丁一词可以代指任何甜点。

由于原料的不同，做出来后样子也不一样，透明的是果冻，不透明的是布丁。通过以下两者的图片，可以看出它们的区别。

模块三自我测验题

一、单项选择题

( ) 1. 制作果冻时选用哪种原材料能使产品凝固?

A. 寒天粉　　B. 鱼胶粉

C. 吉利丁片　　D. 以上都是

( ) 2. 制作果冻时，要正确掌握鱼胶的使用量，如果用量太少，产品则会出现______。

A. 不能凝固成形

B. 凝固成形后口感坚硬

C. 凝固成形后口感差

D. 凝固成形时间长

( ) 3. 饮食美学包含______、技术美、形态美、意趣美四个方面。

A. 材料美　　B. 制作美

C. 创意美　　D. 烹调美

( ) 4. Agar 是指______。

A. 发粉　　B. 乳糖

C. 琼脂　　D. 胚芽

( ) 5. Honey 是指______。

A. 砂糖　　B. 蜂蜜

C. 饴糖　　D. 甜味

( ) 6. 我们在制作菠萝果冻时，可将菠萝煮几分钟，使其______后使用。

A. 酸性物质破坏　　B. 蛋白酶失去活性

C. 甜度增加　　D. 水分适量蒸发

( ) 7. 果冻的一般用料是______等。

A. 果汁、鱼胶、牛奶、水、糖

B. 鱼胶、水、糖、香精、食用色素

C. 果汁、鱼胶、糖、水、香精、食用色素

D. 果汁、鱼胶、牛奶、鸡蛋、香精、食用色素

( ) 8. 果冻制作中，鱼胶使用过量会使产品______。

A. 变甜　　B. 变软

C. 变硬　　D. 没有变化

(　　) 9. Pudding 是指______。

A. 泡芙　　B. 慕斯

C. 布丁　　D. 巴萨

(　　) 10. 果冻液调制好后，将其温度降至室温，然后放在______。

A. 密封容器中保藏　　B. 包装袋中密封

C. 冷藏冰箱中冷却　　D. 冷冻冰箱中冷冻

二、判断题

(　　) 1. Panna Cotta 的中文意思是英国奶油布丁。

(　　) 2. 煮制布丁，增加配方内玉米淀粉的量，会使成品较硬。

(　　) 3. 如果果冻中鱼胶使用过多，会使产品凝固过硬，并使果冻失去应有的品质。

(　　) 4. 果冻是不含脂肪和乳脂的冷冻食品。

(　　) 5. 西点按其用途，可分为零售点心、宴会点心、酒会点心、自助餐点心和茶点。

三、简答题

1. 琼脂是一种食用胶，为什么可以用琼脂做果冻?
2. 如果希望果冻呈现玫瑰红色，应该用什么来着色?
3. 为什么烤布丁时要采用隔水加热法?

模块 四

糖果、饼干类

师傅教路： 糖果是糖果糕点的一种，糖果的英文是Sweet，指以糖类为主要成分的一种小吃。糖果是以白砂糖或允许使用的甜味剂、食用色素为主要原料，按一定生产工艺要求加工制成的固态或半固态甜味食品。

所谓饼干的词源是“烤过两次的面包”，来源于法语的Bis（再来一次）和Cuit（烤）。饼干是一种味道可口、便于携带、易保存的食品。

台湾经典牛轧糖

一、配方

原料	百分比（%）	重量（克）
蛋白	16	35
麦芽糖	100	225
水	18	40
白砂糖	44	100
黄油	22	50
熟花生	111	250
奶粉	33	75

二、制作方法

1. 熟花生切碎；

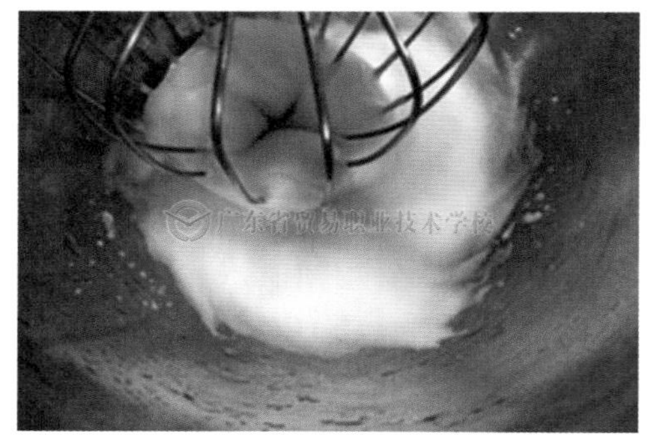

2. 蛋白打至硬性发泡，备用；

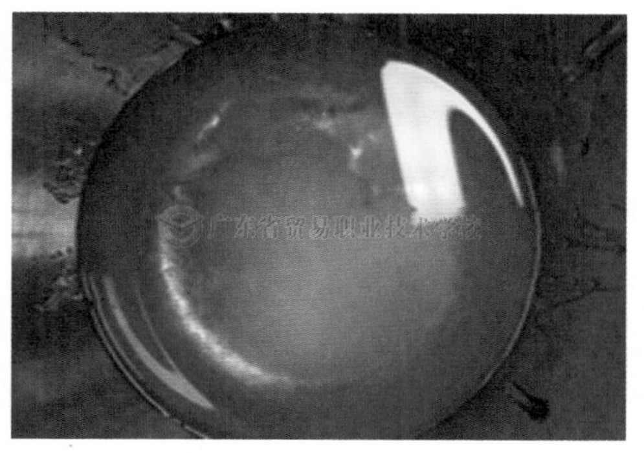

3. 将麦芽糖、白砂糖、水倒入锅中；

4. 加热溶化；

5. 熬煮至 140℃；

6. 倒入蛋白中，快速搅拌；

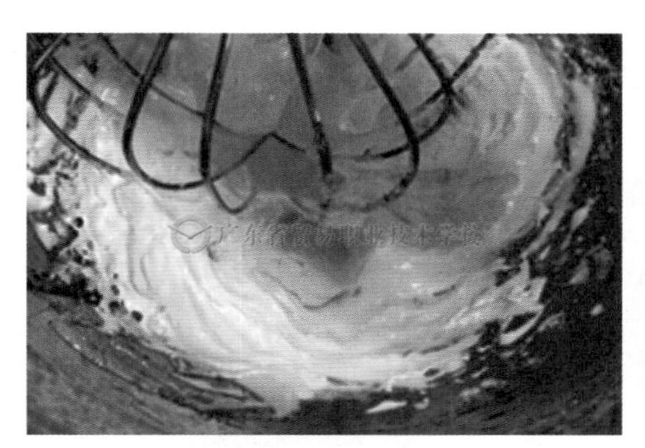

7. 分次加入黄油，搅拌均匀；

8. 倒入奶粉；

9. 花生碎粒均匀地分布在浆料中搅拌均匀；

10. 倒入方形不粘烤盘，压紧；

11. 擀成2厘米厚的片，切成2厘米×4厘米的小方块。

三、产品照片

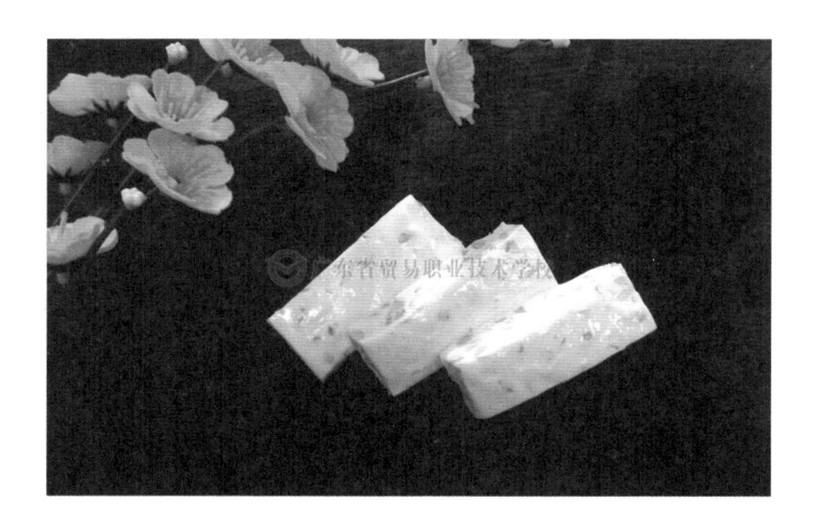

四、产品特色

牛轧糖有脆度、有嚼劲，而且不会黏牙。

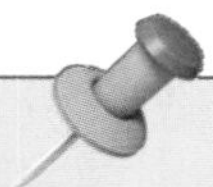

小贴士：

没有温度计时，可以将糖浆滴一滴在冷水中，如果立即凝结成硬的糖珠，就可以离火了。

师傅教路：

在古代，人们利用蜂蜜来制造糖果。最先是在罗马周围的地区出现了糖衣杏仁这种糖果。制造者用蜂蜜将一个杏仁裹起来，放在太阳下晒干，就可以得到糖衣杏仁了。由于糖果的价格昂贵，直到 18 世纪还是只有贵族才能品尝到它。但是随着殖民地贸易的兴起，蔗糖已不再是什么稀罕的东西，众多的糖果制造商在这个时候开始试验各种糖果的配方，大规模地生产糖果，从而使糖果进入平常百姓家。

猫爪棉花糖

一、配方

原料	百分比（%）	重量（克）
鱼胶片	10	5
鸡蛋白	100	50
水饴	94	47
细砂糖	94	47
水	42	21
玉米淀粉		适量
草莓粉		适量
柠檬汁		适量

二、制作方法

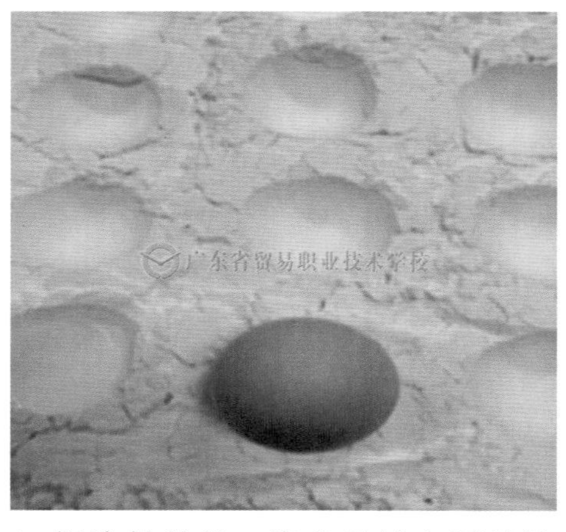

1. 把淀粉炒熟，烤盘里铺上厚的淀粉，鸡蛋洗净擦干，用较圆的一头按出小凹坑；

2. 将鱼胶片放在冰水里泡软备用；

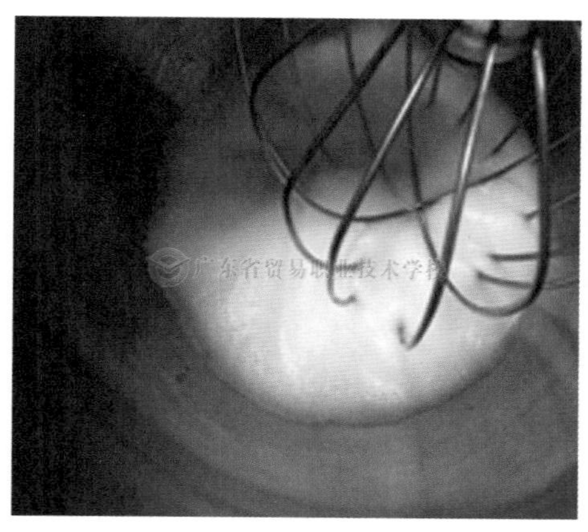

3. 把蛋白、10 克糖、柠檬汁混合打发至硬性发泡；

4. 将糖、水、水饴放到盆里，小火煮至118℃，温度达到之后将鱼胶片捞出放入糖水里，迅速搅拌溶化；

5. 鱼胶化掉之后将糖水倒入蛋白中高速打发；

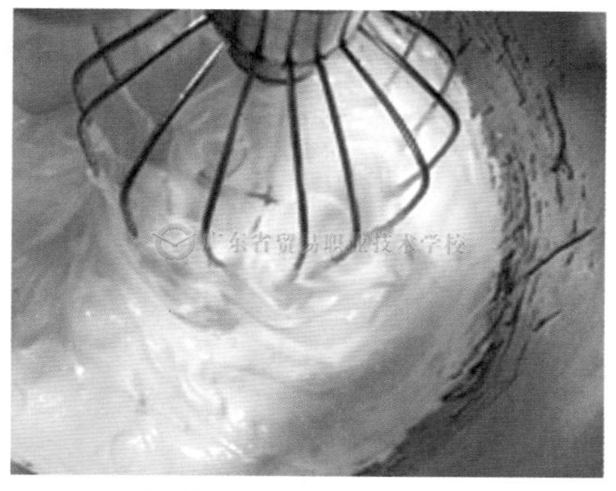

6. 用手触摸容器感觉温热的时候，就可以取出意式蛋白霜使用了；

7. 剩一点点调成粉红色，分别装进两个裱花袋里；

8. 挤出小肉球；

9. 用牙签把气泡弄掉；

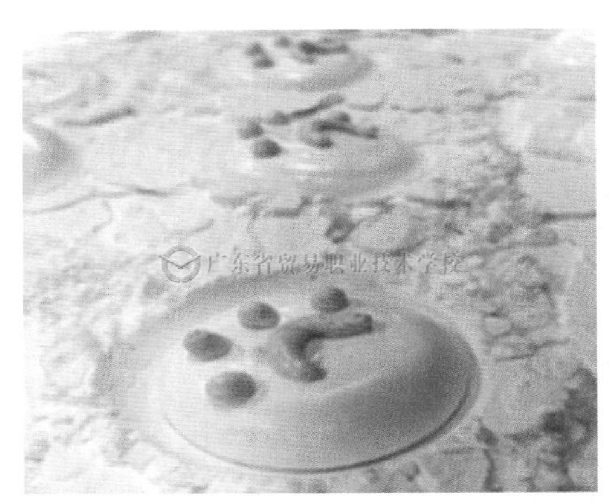

10. 挤上肉爪，4 个小点点加 1 条圆弧；

11. 等到都挤完，小爪子差不多都凉了，用勺子舀起旁边的淀粉倒在表面上直至沾满整个棉花糖，这样就不会黏到一起了。

三、产品照片

四、产品特点

猫爪棉花糖的特点就是软软弹弹，入嘴即化，而且当你用手按压棉花糖小爪子的肉垫时，四个小圆点也会动，就和按猫的爪子的感觉是一样的。

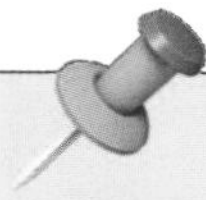

小贴士：

1. 鸡蛋按完一次之后在原来的位置再按一次，让小坑更结实。

2. 水饴有一点保湿的作用，全部使用84克细砂糖也可以做成功。

3. 淀粉适量使用即可，多则影响成品，少则会黏手。

法式水果软糖

一、配方

原料	百分比（%）	重量（克）
覆盆子果蓉	100	190
白砂糖	80	150
葡萄糖浆	24	45
苹果胶	3	6

二、制作方法

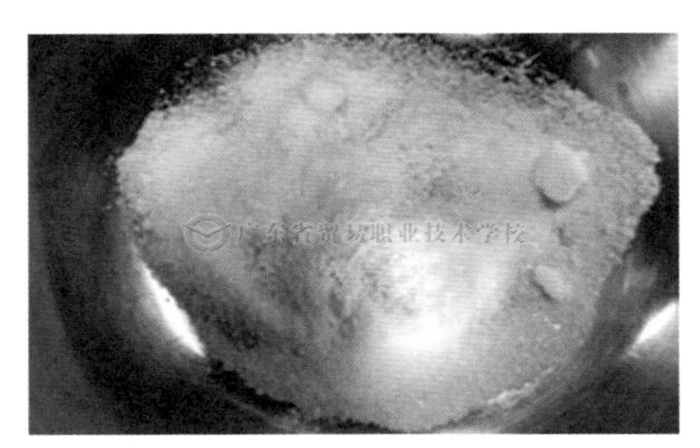

1. 把苹果胶跟20克白砂糖均匀混合；

2. 将覆盆子果蓉入锅加热；

3. 果蓉加热至40℃时加入1搅拌均匀；

4. 继续小火熬煮至沸腾，加入剩余的130克白砂糖，搅拌均匀，继续熬果蓉至110℃；

5. 把熬好的液体倒入模具中；

6. 把表面铺平；

7. 撒上白砂糖，室温冷却1小时后即可脱模；

8. 切成2厘米×2厘米的小方块，将软糖放入白砂糖中滚一下，表面沾满白砂糖即可。

三、产品照片

四、产品特色

时尚潮流，口味软弹，可塑性强，满足小女生喜爱新奇可爱食物的心理。

师傅教路：

糖果可分为硬质糖果、硬质夹心糖果、乳脂糖果、凝胶糖果、抛光糖果、胶基糖果、充气糖果和压片糖果等。其中硬质糖果是以白砂糖、淀粉糖浆为主料的一类口感硬、脆的糖果；硬质夹心糖果是糖果中含有馅心的硬质糖果；乳脂糖果是以白砂糖、淀粉糖浆（或其他食糖）、油脂和乳制品为主料制成的，蛋白质不低于1.5%，脂肪不低于3.0%，具有特殊乳脂香味和焦香味的糖果；凝胶糖果是以食用胶（或淀粉）、白砂糖和淀粉糖浆（或其他食糖）为主料制成的质地柔软的糖果；抛光糖果是表面光亮坚实的糖果；胶基糖果是用白砂糖（或甜味剂）和胶基物质为主料制成的可咀嚼或可吹泡的糖果；充气糖果是糖体内部有细密均匀的气泡的糖果；压片糖果是经过造粒、黏合、压制成形的糖果。

婚礼糖霜饼干

一、配方

	原料	百分比（%）	重量（克）
饼干	鸡蛋	28	50
	黄油	33	60
	低筋粉	100	180
	糖	28	50
蛋白霜	蛋清	10	20
	糖粉	100	200
	柠檬		1个
	色素		适量

二、制作方法

（一）饼干的制作方法

1. 把黄油软化，然后加入糖；

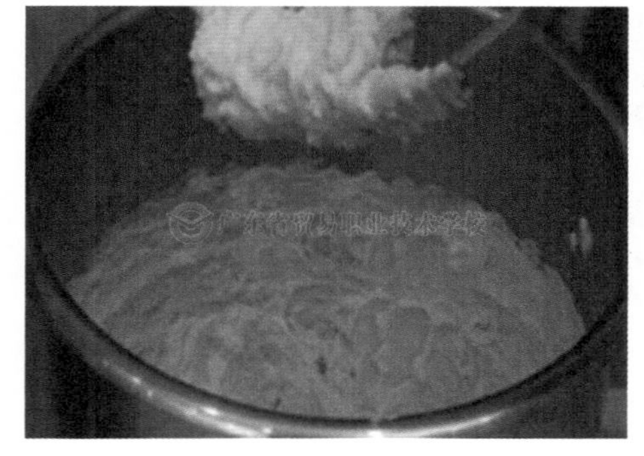

2. 用打蛋器打发，打到颜色变浅；

3. 分次并且少量地加入蛋液，打至蓬松；

4. 筛入低粉；

5. 和成一个面团，放到冰箱冷冻半小时取出来擀成片状，用饼干模具压出形状；

6. 烤盘下面铺上不粘布；

7. 放入烤箱，170℃烤 15 分钟；

8. 蛋清里加入挤出的柠檬汁，加入糖粉；

9. 用打蛋器搅打至顺滑；

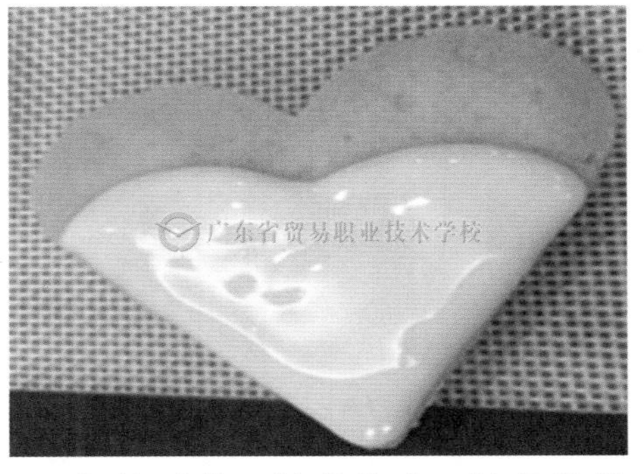

10. 把糖霜装入裱花袋内，裱花袋剪个小口，画的时候，先在饼干上画一圈外围，等外围干掉；

11. 用裱花袋在饼干上挤出小圆点；

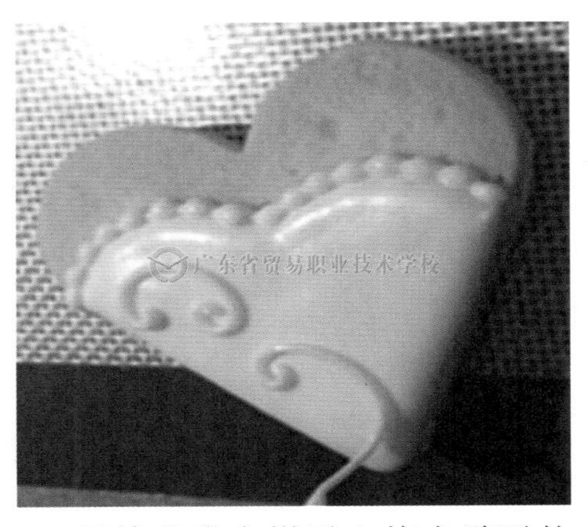

12. 用裱花袋在饼干上挤出需要的纹路；

13. 干掉后就可以在上面自由发挥了；

14. 画好后，放在通风处晾干，最好晾 12 小时以上。

三、产品照片

四、产品特点

可爱的造型加上绚丽的色彩，使一块普普通通的饼干立刻升级，成为一件很漂亮的艺术品，让人不忍心吃掉。

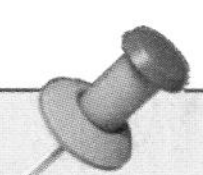

小贴士：

在画饼干的时候一定要细心和耐心，涂好底色后，要先完全晾干，才能在上面继续绘制图案。

知识拓展 糖果的种类及特点

糖果因为香甜可口，养分价值高，风味好，为人们所喜爱。糖果的主要原料有砂糖、淀粉糖浆、饴糖、转化糖浆、油脂、乳品、有机酸、香精和色素等。糖果的品种繁多，按其性质和特点划分为以下品类：

1. 硬糖类：糖果中水分含量在3%以下的称为硬糖。按其硬度状态分，有普通硬糖与苏式硬糖两种。

（1）普通硬糖：采用砂糖、饴糖，并加配各味香精或可可、咖啡等辅料，经熬制、切块而成。品种有橘子、香蕉、柠檬、菠萝、杏仁、奶油、椰子、可可、咖啡、茶叶等。从外表上看又有烤花、拉白、拌砂、丝光之分，这类糖果多数包以各种图案的包装纸。硬糖的品质特征是色泽光亮透明，质地坚挺脆裂，颗粒整齐匀称，基础成分是蔗糖，存在水果香味和纯净的甜味，不带有苦味、焦味，易保存，本钱低，售价低廉。

（2）苏式硬糖：多配用较大比例的果仁或玫瑰酱等辅料，在色、香、味、形等方面都有特点。这类糖果有棕子糖、姜汁糖、脆松条、脆松糕、果条、麻条和果板糕等多种。其品质特征是色泽黄亮透明，内质坚实而带脆性，假如糖中含有果仁，要求果仁纯净无油哈味，颗粒大小均匀，入口酥脆，香甜而油润，嚼时不黏牙。

2. 硬脂糖类：硬脂糖类又名半硬糖。主要有乳脂糖和香脂糖两种，前者用乳制品制成，后者不必用乳制品，而用香味料制成，这类糖果的特色是组织细腻、光滑，并稍有弹性，水分含量为5%～8%，还原糖含量为14%～20%，品种有可可、奶油、椰子等种类。按组织来看，乳脂糖和香脂糖都有胶质跟砂质之分，胶质糖的特点是组织较严密，软硬适中，微有弹性，状态整洁，无缺角、胖顶或厚薄不匀等现象；砂质糖的特征是组织稍松，带有砂性，色泽个别较淡。无论胶质糖还是砂质糖，入口均应香甜爽口，嚼食时不黏牙，没有异味。

3. 软脂糖类：软脂糖又名半软糖，是一种质地柔软、富有弹性的半软性糖果，因配料和操作方式的不同，分为奶糖、蛋白糖和奶白糖。

（1）奶糖：采用砂糖、葡萄糖、乳制品、明胶和香草粉等原料，经数次熬制、搅打等加工制成。品种有香草、奶油、可可、薄荷、水果、米老鼠等数十种，成品水分含量为10%左右，还原糖（指麦芽糖、葡萄糖、乳糖、果糖等）含量为14%～24%，这种糖果内部含有多量的空气，切面有很多气孔，入口即趋软化而不黏牙，嚼食富有弹性，用手能够牵拉成丝，味道甜润，奶香浓烈，是糖果中的上品。

（2）蛋白糖：用蛋白（或明胶）作起泡剂，并配以果仁、干果等辅料熬制而成。常见的品种有胡桃蛋白糖、花生蛋白糖、杏仁蛋白糖、三色蛋白糖、巧克力蛋白糖等。其特点是色泽艳美，组织蓬松，富有弹性，切面有密集的气孔，甜润可口，有果仁的特别香味。

（3）奶白糖：它类似奶糖和蛋白糖，但不够柔松和松散，切面无气孔，并缺少弹性，其起因是油脂用量较少，或不用乳制品，并且不配用明胶。其品种与奶糖相仿，水分含量为5%～10%，还原糖含量为24%～30%，色泽要求洁白，但多数品种成形时，在白色的糖体上用色料配成各种花圈以示美观，食之甜而爽口，但略黏牙。

4. 软糖类：这是一种柔软黏糯，透明或半透明，有胶体性和微弹性，含水分10%～20%、还原糖20%～30%的软性糖果。其品质特征是易消融、干缩、变形和变质，口感疏松，不黏牙，因为甜度较低，适合休息时或饭后食用，食用时不感腻味，更宜夏季食用。

（1）雪花软糖：又名琼脂软糖或水晶软糖，为夏令应时品种。口味有橘子、柠檬、香蕉、菠萝、薄荷、留兰香等多种。糖体透明似冻胶，色彩斑斓，非常雅观，有拌砂糖和不拌砂糖两种，口嚼时有一定的弹性和韧性，入口有香甜软韧、清凉快滑的特点。

（2）苏式软糖：主要采用砂糖、葡萄糖和各种果仁熬制而成。在加工进程中，掺入一定量的淀粉作为凝固剂，使糖体具备韧性、弹性和一定的透明度。这种糖果含有松仁、榛仁、瓜子仁等辅料，一般用量为35%～45%，食之入口香甜，不黏牙，回味有果仁香。品种有松子软糖、胡桃软糖、松子南枣、松子桂圆、芝麻薄皮等，利用果仁、玫瑰、山楂自然色泽分别拼成多种颜色，外用纯白的透明纸包装，显得镶嵌平均，光泽娇艳。

5. 夹心糖类：夹心糖是以硬糖做外衣，内包各种馅心，口味跟着馅心不同而变更。夹心糖内馅有软夹心和酥夹心两种，软夹心的内馅多采用各种果酱或棉花糖，亦有用高级酒作为夹心的；酥夹心的内馅采用各种果仁调制成酱，经隔水加热至43℃左右，而后装入果皮内制成。这类糖果品种多样，有果酱夹心、果味夹心、酒味夹心、乳酪夹心、龙虾酥心、果仁酥心等。其品质要求表面光明雪白，外皮和夹心包合平均，厚薄一致，形态完全，不得有粉碎和裂痕等现象，入口应甜润香酥，无异味。

6. 巧克力糖：巧克力糖又名朱古力糖。主要原料是可可、可可脂、砂糖，再添加奶粉、磷脂、香草粉和果仁等辅料制成。

模块四自我测验题

一、选择题

(　　) 1. 蜂蜜、饴糖、淀粉糖浆要______，防止污染。

A. 通风保管
B. 在干燥环境中保管
C. 密封保管
D. 加防潮纸保管

(　　) 2. 枫登糖是以砂糖为主要原料，用适量加水 5% ~ 10% 的______熬制，并经反复搓叠而成。

A. 葡萄酒　　B. 糖浆
C. 葡萄糖　　D. 淀粉

(　　) 3. 属于双糖的______除了白砂糖、绵白糖、红糖外，还有麦芽糖和乳糖等。

A. 糖果　　B. 碳水化合物
C. 同系物　　D. 多糖类

(　　) 4. 饼干的烘烤，应烤到______。

A. 六成熟　　B. 八成熟
C. 十成熟　　D. 十二成熟

(　　) 5. 糖需要经过加工变白，应采用______的方式。

A. 碳吸附　　B. 硫黄熏蒸
C. 结晶　　D. A 和 B

(　　) 6. ______水解的最终产物为麦芽糖、葡萄糖和异麦芽糖。

A. 隔水溶解　　B. 不需要经过任何处理
C. 过筛　　D. 预先搅拌，然后再加入其他材料

(　　) 7. 白糖溶于水后，应是______。

A. 清晰、味甜的水溶液　　B. 甜味的乳浊液
C. 混浊、味甜的悬浮液　　D. 白色的甜味溶液

(　　) 8. ______的白糖是属于优质的白砂糖。

A. 结块湿润　　B. 松散干燥
C. 色泽微黄　　D. 颗粒不一

(　　) 9. 糖粉的英文名称是______。

A. White Sugar　　B. Fine Sugar
C. Icing Sugar　　D. Ice Sugar

(　　) 10. 在制作转化糖浆时，______极易导致糖浆翻砂。

A. 糖浆煮滚后慢火加热　　B. 糖浆加热至108℃

C. 糖浆煮好后自然冷却　　D. 糖浆未冷却前大力搅动

二、判断题

(　　) 1. 制作转化糖时，其糖浆须加热到110℃左右。

(　　) 2. 牛奶中的糖主要是葡萄糖，其含量一般为4.6%左右。

(　　) 3. 淀粉糖浆的主要成分不包括蔗糖。

(　　) 4. 在蔗糖煮制成转化糖的过程中，必须有酸或蛋白分解酶存在。

(　　) 5. 能在酸或酶的作用下，水解生成转化糖的糖类物质是蔗糖。

三、简答题

1. 写出熬糖经常出现的问题及原因。
2. 写出脆糖的特性。
3. 做饼干时要选用哪种糖？

参考文献

1. 郭建昌 . 法式烘焙时尚甜点 . 郑州：河南科学技术出版社，2011.

2. 王森 . 翻糖蛋糕 & 饼干制作入门 . 北京：中国轻工业出版社，2013.

3. 猫井登 . 甜点品鉴大全 . 秦玉玉，译 . 沈阳：辽宁科学技术出版社，2011.

4. 法国蓝带厨艺学院 . 法式糕点制作基础 . 卢大川，译 . 北京：中国轻工业出版社，2008.

5. 韦恩・吉斯伦斯 . 专业烘焙：第 3 版 . 谭建华，赵成艳，译 . 大连：大连理工大学出版社，2004.

图书在版编目（CIP）数据

欧式甜点与巧克力制作/欧玉蓉主编．—广州：暨南大学出版社，2016.11
（食品生物工艺专业改革创新教材系列）
ISBN 978-7-5668-1914-7

Ⅰ．①欧…　Ⅱ．①欧…　Ⅲ．①烘焙—糕点加工—教材　Ⅳ．①TS213.23

中国版本图书馆 CIP 数据核字（2016）第 197018 号

欧式甜点与巧克力制作
OUSHI TIANDIAN YU QIAOKELI ZHIZUO
主　编　欧玉蓉

出 版 人　徐义雄
策划编辑　张仲玲
责任编辑　李倬吟
责任校对　周海燕
责任印制　汤慧君　周一丹

出版发行　暨南大学出版社（510630）
电　　话　总编室（8620）85221601
　　　　　　营销部（8620）85225284　85228291　85228292（邮购）
传　　真　（8620）85221583（办公室）　85223774（营销部）
网　　址　http://www.jnupress.com　http://press.jnu.edu.cn
排　　版　广州市天河星辰文化发展部照排中心
印　　刷　广东广州日报传媒股份有限公司印务分公司
开　　本　787mm×1092mm　1/16
印　　张　8.25
字　　数　210 千
版　　次　2016 年 11 月第 1 版
印　　次　2016 年 11 月第 1 次
印　　数　1—2000 册
定　　价　33.00 元